看图学铆工实用技能

KANTUXUE
MAOGONG
SHIYONG
JINENG

王良成　丁嘉语　编著

化学工业出版社

·北京·

本书以图解的方式介绍了铆工的基本知识和技能，包括基础知识简介（机械制图、金属材料、工艺基准和工、夹、量具）；划线下料；筒节、锥体成型和纵、环焊缝组对；手工矫正和机械矫正；冷热成型；筒体开孔和接管展开；产品、部件的装配。内容由浅入深，循序渐进，通俗易懂，激发读者的专业兴趣，是初、中级铆工的自学材料，同时文中举例若干典型工艺可供高级铆工、钳工、钣金工等工种及相关专业技术人员参考。

图书在版编目（CIP）数据

看图学铆工实用技能/王良成，丁嘉语编著.—北京：化学工业出版社，2012.5（2024.6重印）

ISBN 978-7-122-13664-0

Ⅰ.看… Ⅱ.①王…②丁… Ⅲ.铆工-图解 Ⅳ.TG938-64

中国版本图书馆CIP数据核字（2012）第031225号

责任编辑：张兴辉　　　　　　　　　　文字编辑：闫　敏
责任校对：蒋　宇　　　　　　　　　　装帧设计：王晓宇

出版发行：化学工业出版社（北京市东城区青年湖南街13号　邮政编码100011）
印　　装：大厂聚鑫印刷有限责任公司
850mm×1168mm　1/32　印张7　字数172千字
2024年6月北京第1版第18次印刷

购书咨询：010-64518888　　　　　　售后服务：010-64518899
网　　址：http：//www.cip.com.cn
凡购买本书，如有缺损质量问题，本社销售中心负责调换。

定　　价：29.00元

前　言
FORWORD

　　铆工是众多工种中对智力和体力要求较高的工种，也是机械行业中的主要工种之一。笔者根据多年铆工从业经历编写了本书，以图解的方式，精炼、实用地介绍了铆工的基础理论和专业技能。文中所有案例都是多年的实践积累形成的，借此献给广大铆工朋友。本书可供初级铆工上岗就业参考，也可作为职业院校的培训教材。

　　由于编者水平有限，疏漏和缺点在所难免，诚请读者批评指正。在编写过程中承蒙强凯和吴明兰两位高级工程师的帮助，在此向他们致以诚挚的谢意！

编者

目 录
CONTENTS

第1章

相关基础知识

1.1 机械制图

1.1.1 图样的图线

物体的图样是用型式不同的粗细图线画成的，各种线条的名称、型式、宽度以及在图上的一般应用如图1-1所示。图1-2(a)是部分图线应用实例。

图线名称	图线型式	图线宽度	一般应用
粗实线		b	可见轮廓线　可见过渡线
细实线		约$b/3$	尺寸线及尺寸界线　剖面线重合剖面的轮廓线　螺纹的牙底线及齿轮的齿根线　引出线　分界及范围线弯折线　辅助线　不连续的同一表面的连线　成规律分布的相同要素的连线
波浪线		约$b/3$	断裂处的边界线　视图和剖视的分界线
双折线	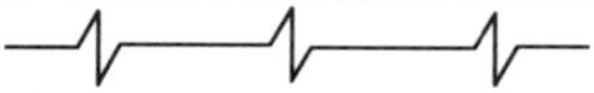	约$b/3$	断裂处的边界线
虚线		约$b/3$	不可见轮廓线　不可见过渡线
细点划线		约$b/3$	轴线　对称中心线　轨迹线节圆及节线
粗点划线		b	有特殊要求的线或表面的表示线
双点划线		约$b/3$	相邻辅助零件的轮廓线　极限位置的轮廓线　坯料的轮廓线或毛坯图中制成品的轮廓线　假想投影轮廓线试验或工艺用结构(成品上不存在)的轮廓线　中断线

图1-1　图线

1.1.2 图样的比例

图样中机件要素的线性尺寸与实际机件相应要素的线性尺寸之比，即图纸上所画图样的大小与实物实际大小之比（图样大小：实物大小），称为图样的比例。例如：1：1，所绘图样是实物的实际大小；1：2，所绘图样为实物尺寸的1/2，这是缩小比例；2：1，所绘图样为实物尺寸的2倍，这是放大比例。当需要把实物放大或缩小时，标准规定的比例见表1-1。图纸图样的比例用"M"表示。比例应统一填写在图纸的标题栏的"比例"栏中。当某个图形必须采用不同的比例时，必须另行标注在该图形的上方，如图1-2(b)。

表 1-1　图样的比例

与实物相同	1：1
缩小的比例	1：1.5　1：2　1：2.5　1：3　1：4　1：5　1：10^n 1：1.5×10^n　1：2×10^n　1：2.5×10^n　1：5×10^n
放大的比例	2：1　2.5：1　4：1　5：1　10：1　$(10 \times n)$：1
备　　注	n 为正数

1.1.3 正投影图

工程图纸是用投影法作的。正投影法作的图形能够准确反映零件的形状和大小。

(1) 投影概念

用一组假想光线将物体的形状投射到一个平面上，得到该物体轮廓形状的图形，这个平面称为投影面，这个图形称为投影，如图1-3。

(2) 投影方法

投射线从一点出发的称"中心投影"，该点称"投影中心"（如图1-4中的 O 点）；投射线相互平行的称"平行投影"。平行

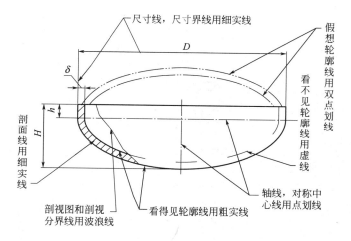

(a) 图线的使用(椭圆封头零件图)

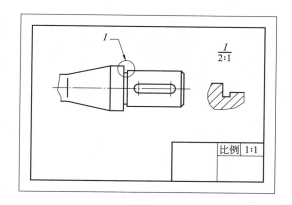

(b) 标题栏比例与放大图比例

图 1-2   图样

投影法中，投射线与投影面垂直的称"正投影"；投射线与投影面倾斜的，称"斜投影"，如图 1-5。

（3）物体在三个方向上的正投影

投射线垂直于投影面时，所得的投影图称正投影图。为了能

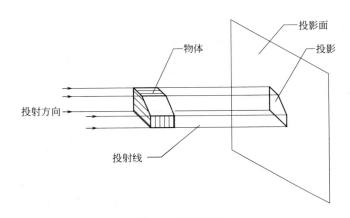

图 1-3   投影概念

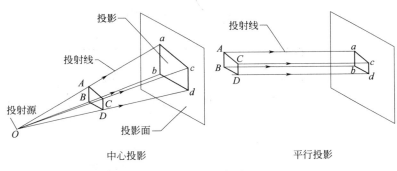

中心投影   平行投影

图 1-4   投影方法

看出物体在三个方向上的形状，我们用三个互相垂直的投影面，就可得到物体在三个方向上的正投影。三个互相垂直的平面是水平平面、直立平面、侧立平面，分别用 H、V、W 表示。三个平面相交所得的三根相互垂直的直线称为空间坐标，分别用 OX、OY、OZ 表示（称 X 轴、Y 轴、Z 轴），如图 1-6 所示。我们把物体放在三个相互垂直的投影面所夹的空间，经过投影，H、V、W 三个平面上可得三个正投影，如图 1-7 所示。如果将 H 投影面绕 X 轴旋转、W 投影面绕 Z 轴旋转，使它们与 V 投影面

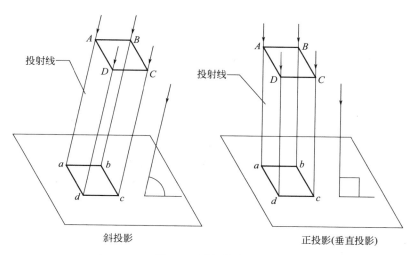

图 1-5　平行投影法

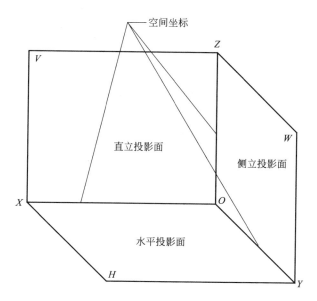

图 1-6　三个相互垂直的平面

在同一个平面上，就可以得到反映物体在三个投影面上的正投影图，如图 1-8。

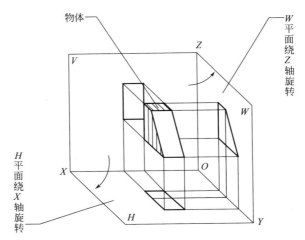

图 1-7　物体在三个相互垂直的平面中

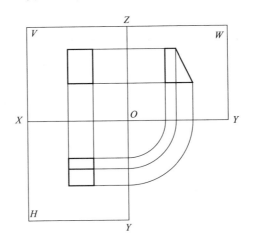

图 1-8　投影面绕轴旋转后的投影图

（4）空间一点在三个投影面上的投影

如图 1-9，*A* 点在三个相互垂直的投影面 *H*、*V*、*W* 所夹空

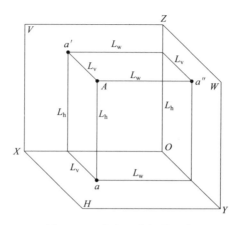

图 1-9 A 点在三个投影面中

间，在三个投影面上的三个投影是 a、a'、a''。H 平面上的投影 a 距 Y 轴的距离为 L_w，距 X 轴的距离为 L_v；V 平面上的投影 a' 距 Z 轴的距离为 L_w，距 X 轴的距离为 L_h；W 平面上的投影 a'' 距 Y 轴的距离为 L_h，距 Z 轴的距离为 L_v。因此根据 L_h、L_v、L_w 这三个长度，就可以画出 H、W 平面与 V 同在一个平面上的 a、a'、a'' 三个投影，如图 1-10。由图可见，如果已知 a、a'、a'' 三个投影中的任意两个投影，就可以画出第三个投影（画投影图时，投影面不标出，以 XOZ 表示 V 平面、XOY 表示 H 平面、YOZ 表示 W 平面）。已知 A 点的两个投影 a 及 a''，画出 A 点在 V 平面上的投影 a'，如图 1-11。作法是：测量出 a 至 Y 轴的距离 L_w，a'' 至 Y 轴的距离 L_h，在 XOZ 平面上，以 L_h 为距离，作 X 轴的平行线，以 L_w 为距离作 Z 轴的平行线，这两条平行线的交点就是 a' 投影。由上述可知：点的投影还是一个点。

（5）空间直线在三个投影面上的正投影

① 线段 AB 在三个相互垂直平面上的投影（1）　如图 1-12，AB 线段在三个投影面上的投影是：H 面上的是 a、(b) 为重合点；V 平面上的是线段 $a'b'$；W 平面上的是线段 $a''b''$。线段的端

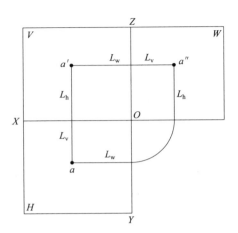

图 1-10 *A* 点的三面投影图

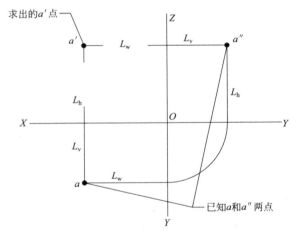

图 1-11 已知点的两个投影求第三投影

点 *A* 点与 *B* 点在 *H* 面上的投影 *a* 与 *b* 重合在一点上，因此 *AB*
线段垂直于 *H* 平面［在投影图上，（*b*）表示投影点 *b* 在 *a* 点的
下方］。所以 *V*、*W* 平面的投影都是直线，线段 *AB* 平行于 *V* 平
面和 *W* 平面，所以 *V* 平面上的投影 *a′b′* 线段、*W* 平面上的投影

$a''b''$线段与线段 AB 的长度相等。

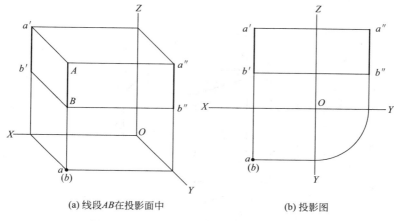

(a) 线段AB在投影面中   (b) 投影图

图 1-12   线段 AB 在三个投影面中的投影

② 线段 AB 在三个相互垂直平面上的投影（2）   如图 1-13，从图（a）中可见线段 AB 的两端点与 H 平面等距，因此 AB 线段与 H 平面平行。在 H 面上投影 ab 线段的长与线段 AB 等长；V 平面的投影 $a'b'$ 线段与 XO 轴平行；W 平面的投影 $a''b''$ 线段与 OY 轴平行，如投影图 1-13（b）。

③ 线段 AB 在三个相互垂直平面上的投影（3）   如图 1-14，从（a）图和（b）图看，AB 线段与三个面都存在倾斜，三个投影图的长度均非 AB 线段的实际长度。

（6）平面图形在三个投影面上的正投影

现在通过两个简单平面图形研究它们在三个投影面上的投影关系。

① 四边形、圆形平面图形在三个投影面上的投影   如图 1-15 中，在 H 平面上 a、b、c、d 四点与 OX 轴等距离，可以判断这个平面图形与 V 面平行，因此在 V 平面上，a'、b'、c'、d' 点的封闭折线是一个正四边形。在 H 平面上，有重合点 $a(d)$、$b(c)$；在 W 平面上，有重合点 $a''(b'')$、$d''(c'')$。由此可以判断这

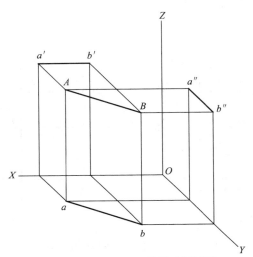

(a) 线段 *AB* 在 *V*、*H*、*W* 投影面中的投影

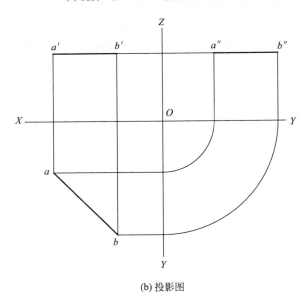

(b) 投影图

图 1-13   线段 *AB* 平行于 *H* 面，与 *OY* 轴平行的投影

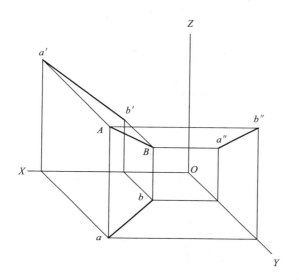

(a) 线段AB在V、H、W投影面中的投影

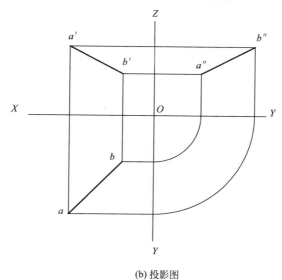

(b) 投影图

图 1-14 线段 AB 与 X、Z、Y 轴都存在倾斜的投影图

个平面图形与 H、W 平面均垂直。如图 1-16 中，从 V、W 平面上的投影可以判断这个平面图形垂直于 V、W 平面且和 H 平面平行。由 H 平面上的投影可知平面图形是一个圆。

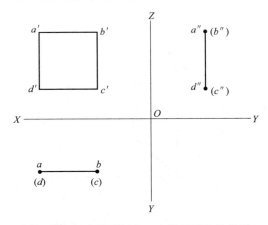

图 1-15　四边形平面在三个投影面上的投影

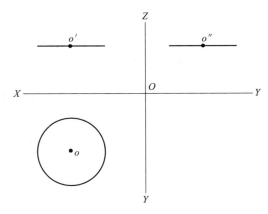

图 1-16　圆平面在三个投影面上的投影

　　② 四边形平面图形在三个投影面上的正投影　如图 1-17（a），从图中可以看出，四边形平面图形在 H 平面上的投影 a 与 d 点、b 与 c 点重合，投影是一条直线，因此这个平面图形与 H

面垂直，与 V、W 平面不平行也不垂直，V、W 面上的投影反映平面图形的高度，H 面上的投影是这个平面图形的宽度。图 1-17（b）中，四边形平面图形垂直于 V 面（投影是一条直线），H 面的投影中的纵向距离与 W 面的投影中的横向距离是四边形平面图形的一个边长，V 面的投影是四边形平面图形另一个边长。

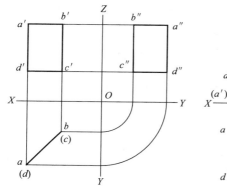
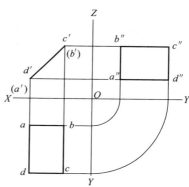

(a) 四边形平面图形垂直于H投影面的投影   (b) 四边形平面图形垂直于V投影面的投影

图 1-17   四边形平面在三个投影面上的正投影

1.1.4   简单几何体的正投影

以视线代替正投射光线，把几何体的形状按正投影的方法在三个投影面上画出图形，就能完整地反映这个几何体的形状和大小，这些图形称为视图。在 V 平面上的视图称主视图；在 H 平面上的视图称俯视图；在 W 平面上的视图称左视图。主视图、俯视图、左视图简称三视图。下面用两个典型几何体介绍三视图。

（1）V 形铁的三视图

如图 1-18。V 形铁的两底面与 H 面平行、与 V、W 面垂直，因此 H 面上的俯视图是一个矩形轮廓和四条 V 形槽实线，两条侧槽虚线。V 面上的投影是上、下 V 形槽及两侧方槽轮廓组成的正面图形。W 面上左视图反映 V 形铁侧面轮廓，有两条方槽实线和四条 V 形槽虚线。V 面上的图形最能反映被投影物体形状的主要特征，称为主视图，这是选择视图时的首要条件。

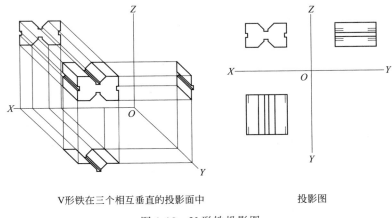

V形铁在三个相互垂直的投影面中　　　　　投影图

图 1-18　V 形铁投影图

（2）圆柱体的三视图

如图 1-19。其底面与 H 面平行，因此圆柱体的俯视图是与底面相同的一个圆，两底面在主视图与左视图的投影都是与直径等长的两条线段，圆柱体的母线与 V、W 面平行，因此圆柱体在主视图与左视图上的投影都是一个由两条母线与上、下面的投影组成的长方形。

（3）零件的三视图

一个物体有六个基本视图，即主视图；俯视图；左视图；右视图；仰视图；后视图。我们只介绍最常用的主视图、俯视图和左视图，简称三视图。

① 特殊情况下不同形状的物体在同一投影面上的视图完全相同　如图 1-20，三个不同形状的物体在同一投影面上的投影完全相同，因此，要根据零件的复杂程度选择视图数量，一般三个视图能表达清楚零件的形状。在三视图中，主视图反映零件的

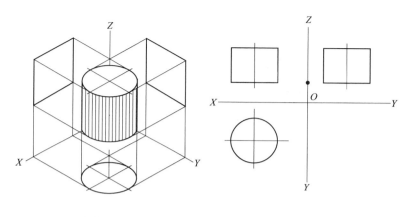

圆柱体的直观投影　　　　　　　　　投影图

图 1-19　圆柱体的投影图

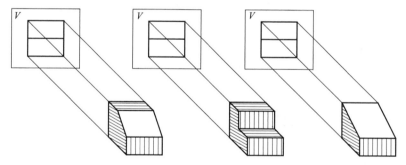

图 1-20　三个不同形状的物体在 V 平面上的投影相同

高度和长度；俯视图反映零件的长度和宽度；左视图反映零件的宽度和高度。画三视图时有下列三条投影规律：

　　◇ 主视图与俯视图的长度相同，"长对正"；

　　◇ 主视图与左视图的高度相同，"高平齐"；

　　◇ 俯视图与左视图的宽度相同，"宽相等"，见图 1-21（a）。俯、左视图靠近主视图的边，反映了零件的后面，如图 1-21（b）。画零件的三视图时，可以省略三根轴线。三视图必须完整

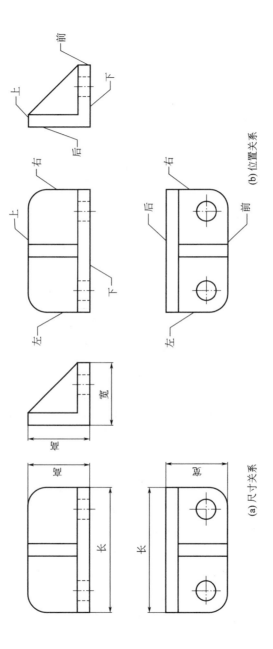

(a) 尺寸关系

(b) 位置关系

图1-21 三视图之间的相互关系

地反映出零件的前后、上下及左右关系。除主、左、俯三视图
外，有时还要补以斜视图或其它局部视图。

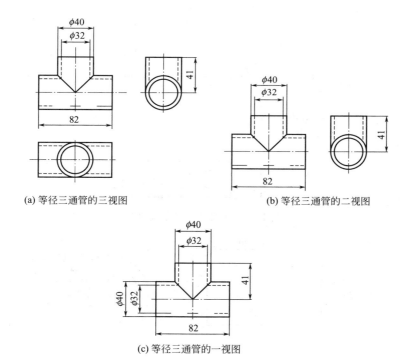

(a) 等径三通管的三视图

(b) 等径三通管的二视图

(c) 等径三通管的一视图

图 1-22　等径三通管视图选择

②　零件的视图　只要能表达清楚，尽可能减少视图数量。
例如图 1-22（a）是一个等径三通管的三视图，图 1-22（b）是等
径三通管的二视图，图 1-22（c）用一视图也能完整地表达等径三
通管的形状和尺寸。

图 1-23 是用三个视图表示的一个支架，根据三视图可想象
出支架的形状和大小，假如省略左视图，也不影响零件形状和尺
寸的完整性。对于形状简单的零件，有时用两个视图表示，用主
视图和左视图就能把它表达清楚，俯视图便可省略，如图 1-24

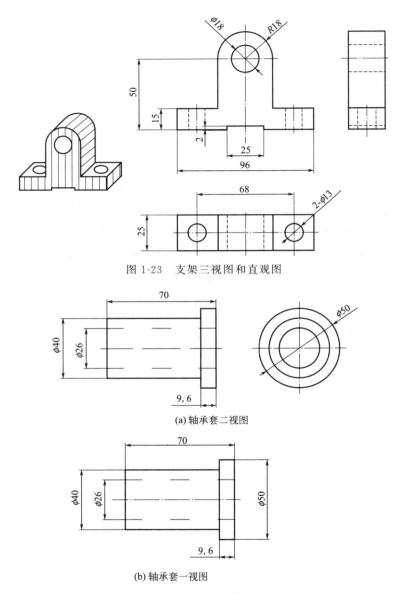

图 1-23　支架三视图和直观图

(a) 轴承套二视图

(b) 轴承套一视图

图 1-24　轴承套的视图表达

轴承套，以一视图替代了二视图，省略了左视图。有时用主视图和俯视图能表达清楚的就省略左视图，如图 1-25 压铁零件图，高和宽在主视图和俯视图都已表达清楚，省略了左视图。对于特别简单的零件可以用一个视图表示，例如图 1-26 的滚花螺钉，它的俯视图是同心圆，而在主视图上已经注 "ϕ" 和 "M" 符号，形状和尺寸都已完整，所以左视图和俯视图都可以省略。图 1-27(a)支架，主视图、左视图和俯视图都未能完全表达零件的形状，补一个斜视图，清楚地表达零件的形状，而且省略了左视图，如图 1-27(b)。

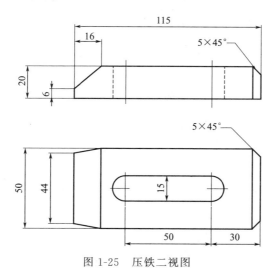

图 1-25 压铁二视图

1.1.5 尺寸的标注

图样只表示物体的形状，大小由所标注的尺寸而定。标注尺寸的规则如下。

① 机件的真实大小：机件的真实大小应以图样上所注的尺寸为依据，与图样的大小及绘图的准确程度无关。

② 图样中（包括技术要求和其它说明）的尺寸单位：以毫

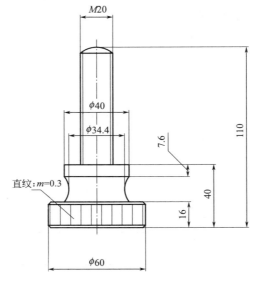

图 1-26　滚花螺钉一视图

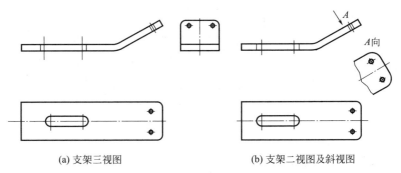

(a) 支架三视图　　　　　　(b) 支架二视图及斜视图

图 1-27　支架零件图

米（mm）为单位时，不需标注计量单位的代号或名称，如采用其它单位，则必须注明相应的计量单位的代号或名称。

③ 图样中所标注的尺寸为完工尺寸：图样中所标注的尺寸应该为图样所示机件的最后完工尺寸，否则应另加说明。

④ 尺寸只标注一次：机件的每一尺寸，一般只标注一次，并标注在该结构最清晰的位置上。

（1）尺寸线、尺寸界线和尺寸数字

一组完整的尺寸，由尺寸线、尺寸界线、箭头（或终端斜线）和尺寸数字等组成，如图 1-28 所示。尺寸线和尺寸界线用细实线绘制。尺寸线应与所标注的线段平行并且相等。一般情况下，尺寸界线应由尺寸线段的两端垂直引出，并超出尺寸线箭头约 3～4mm。有时也可以利用图样的轮廓线、轴线或对称中心线作为尺寸界线，如图 1-29（a）所示。当相互平行的尺寸线不止一条时，为避免尺寸线相交，大尺寸要注在小尺寸外面。不得使用轮廓线、中心线或它们的延长线作为尺寸线，图 1-29（b）为不正确标注。尺寸线终端如图 1-30，可用斜线终端和箭头终端，斜线用细实线绘制，当尺寸线终端采用斜线形式时，尺寸线与尺寸界线必须相互垂直。箭头终端适用于各类图样标注，同一张图样中只能采用一种终端形式。采用箭头时，在位置不够情况下，允许用圆点或斜线代替。尺寸数字一般标注在尺寸线上方，当标注位置不够时，也可注在外面或引出标注。但是在同一张图上，标注形式应该一致，数字大小也应该保持一致。尺寸数字不可被任何图线通过，当尺寸数字无法避免通过图线时，必须将该图线断开，如图 1-31。

（2）各种类型尺寸的基本标注法

① 尺寸数字的方向　尺寸和数字一般应按图 1-32（a）所示方向标注，并避免在 30°范围内标注尺寸数字，该区域的标注朝向容易混淆，读图可能产生错误。当无法避免时，可按右图所示的方法标注。在不致引起误解时，也允许采用另一种方法标注：对于非水平方向的尺寸，其数字可以水平方向注写在尺寸线中断处，如图 1-32（b）。但在一张图样中，应尽可能采用一种方法标注尺寸数字。尺寸线与轮廓线间，或者两尺寸线间应有足够的间距，并尽可能使间距分布匀称。间距以不小于 5mm 为宜。尺寸

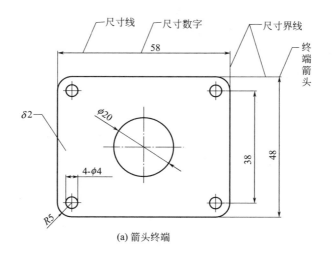

(a) 箭头终端

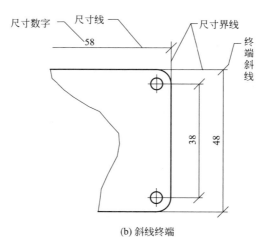

(b) 斜线终端

图 1-28　尺寸的组成

线应垂直于尺寸界线，必要时才允许倾斜画出：在光滑的圆弧过渡处标注尺寸时，应用细实线将轮廓线延长，从它们的交点处引出尺寸界线，如图 1-33。角度数字写成水平方向，标注在尺寸线中段处，必要时也可引出标注，如图 1-34。

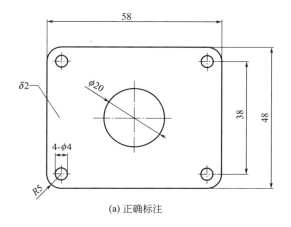

(a) 正确标注

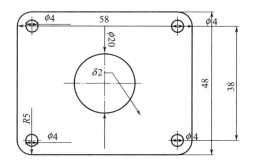

(b) 不正确标注

图 1-29　尺寸的标注

　　② 圆的直径和圆弧的半径尺寸标注　圆的直径和圆弧半径的尺寸线的终端应画成箭头。标注圆的直径尺寸时，一般以圆内一条倾斜直径作为尺寸线，以圆的轮廓线作为尺寸界线，在尺寸数字前加注尺寸符号"ϕ"，如图 1-35(a)。标注圆弧半径尺寸时，尺寸线的起点在圆心，端点处用箭头指向圆弧的轮廓线，在尺寸数字前加注半径符号"R"，如图 1-35(c)、(e)。标注球面的直径或半径尺寸时，应在"ϕ"或"R"前加注"S"字。如图 1-35(b)。对于不致引起误解的常见球面轮廓，也允许省略"S"字，

注：h=字体高度

注：b=粗实线宽度
L=4b

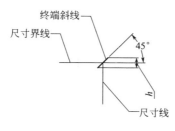

终端斜线

尺寸界线

45°

h

尺寸线

(a) 尺寸线终端斜线

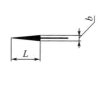

b

L

(b) 尺寸线终端箭头

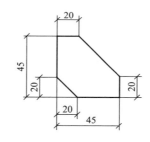

(c) 利用终端斜线标注

图 1-30　尺寸线的终端

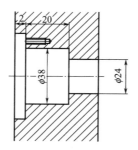

图 1-31　数字与图线

如图 1-35（d）。当半径过大，圆心不在图纸内时，可按图 1-36（a）的形式标注；若圆心位置不需注明，尺寸可以中断，如图 1-36（b）。标注弧长时，应在尺寸左边加符号"⌒"，弧长及弦长

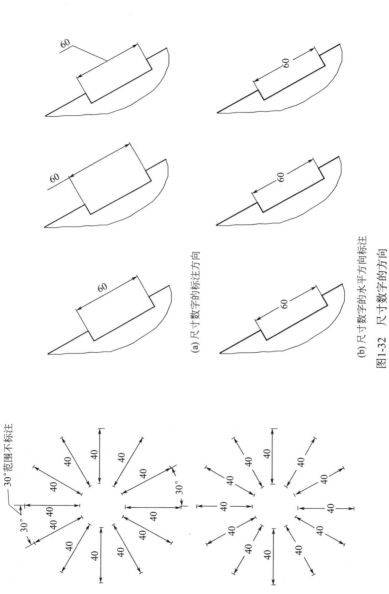

(a) 尺寸数字的标注方向

(b) 尺寸数字的水平方向标注

图1-32 尺寸数字的方向

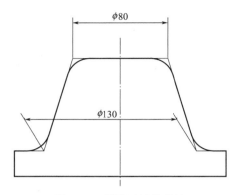

图 1-33　圆滑过渡的标注

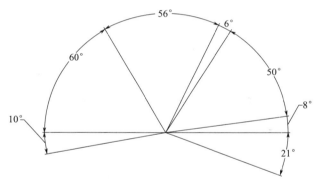

图 1-34　角度的数字写成水平位置

的尺寸界线应平行于弦长或弧的垂直平分线，注法如图 1-37（a）、（c）所示。当弧度较大时，尺寸界线可沿径向引出，并用箭头指明所标注弧长，如图 1-37（b）所示。

　　③ 角度尺寸标注　角度尺寸界线应沿径向画出，尺寸线应画成圆弧，圆心是角的顶点。尺寸数字可水平方向填写，如图1-38（a）；也可与尺寸线对齐标注，如图 1-38（b）。

　　④ 没有足够的位置的尺寸标注　为了保持整张图纸的尺寸箭头及数字的大小基本一致，如果图上的尺寸过于狭小，没有足

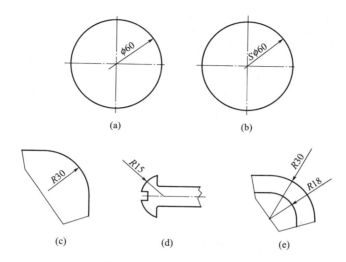

图 1-35　直径和半径的标注

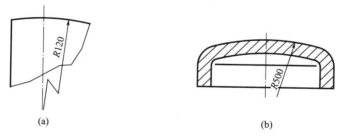

图 1-36　圆心不在图纸内半径标注

够的位置，箭头可画在外面，尺寸数字也可写在外面或引出标注，如图 1-39。

　　⑤ 正方形结构尺寸标注　标注剖面为正方形结构尺寸时，为了简化，在正方形边长尺寸数字前加注图形符号"□"，如图 1-40(a)、图 1-40(c)、图 1-40(d)；也可以用图 1-40(b) 的方法标注。

　　⑥ 斜度和锥度尺寸的标注　斜度和锥度可用符号或数字表

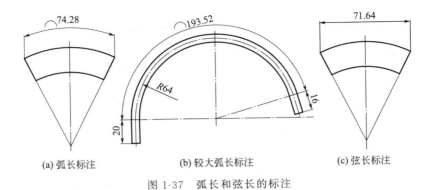

(a) 弧长标注   (b) 较大弧长标注   (c) 弦长标注

图 1-37   弧长和弦长的标注

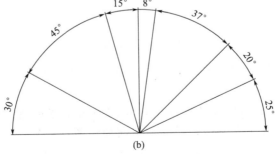

(a)

(b)

图 1-38   角度的标注

示，符号方向应与锥度、斜度方向一致。如图 1-41 所示。

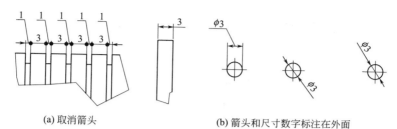

(a) 取消箭头　　　　　　　　　　(b) 箭头和尺寸数字标注在外面

图 1-39　没有足够位置的尺寸标注

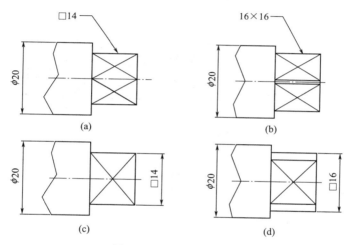

(a)　　　　　　　　　　　　(b)

(c)　　　　　　　　　　　　(d)

图 1-40　正方形的标注

⑦ 薄板厚度尺寸标注　标注薄板零件厚度尺寸时，可采用符号"δ"，其标注方法如图 1-42。

⑧ 倒角的标注　45°的倒角可按图 1-43 标注；非 45°的倒角按图 1-44 标注。假如图样中倒角的尺寸全部相同，或某个尺寸占多数时，可在图样空白处说明，例如，"全部倒角 2×45°"或"其余倒角 2×45°"。

⑨ 退刀槽尺寸的标注　退刀槽的标注可用"槽宽×直径"，如图 1-45(a)；或标注"槽宽×槽深"，如图 1-45(b)、(c)。

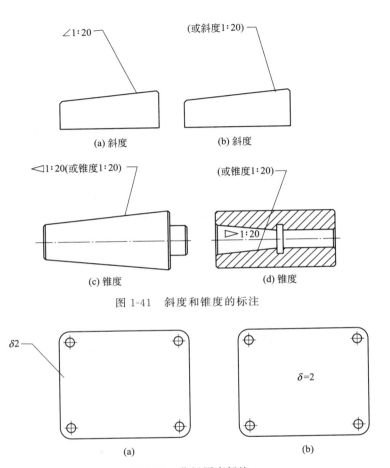

图 1-41　斜度和锥度的标注

图 1-42　薄板厚度标注

⑩ 均匀分布孔尺寸的标注：均匀分布的孔可按图 1-46(a) 标注。当孔的定位和分布情况在图中已经明确时，允许省略其定位尺寸和"均布"两字，如图 1-46(b)；均匀分布的长孔或槽等，可按图 1-47 标注。在同一图形中，若有几种尺寸相近且又重复的孔时，可以采用作标记（如涂色）的方法标注，如图1-48(a)所示；或采用标注字母作标记的方法标注，如图 1-48(b)。

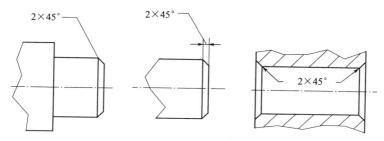

图 1-43　45°角的标注

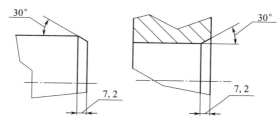

图 1-44　非 45°角的标注

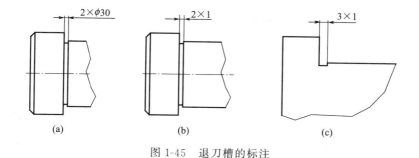

(a)　　　　　　　　(b)　　　　　　　　(c)

图 1-45　退刀槽的标注

1.1.6　机械图

　　机械制造中的图纸，是由设计人员按照机械设备性能拟定设计方案绘制成装配图，再按照装配图拆画成零件图，然后是工艺人员编制工艺文件后进入加工系统加工成零件。最后根据装配图

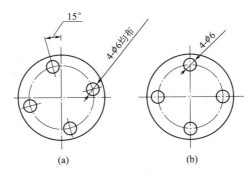

图 1-46   均匀分布的孔

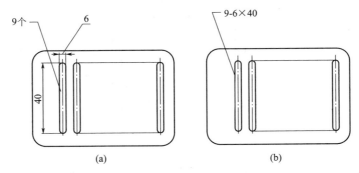

图 1-47   均匀分布的长圆孔

装配成机器。零件图和装配图总称机械图。

（1）零件与视图

零件分为标准件、非标准件和常用件三大类。标准件如图1-49(a)，非标准件或常用件，如图1-49(b)。零件的形状是通过视图来表达的，下面讨论视图的配置与投影关系。

（2）剖视与剖面

在图样中，零件的外形用粗实线表达，内形如图1-50所示衬套的小孔与内腔的内部结构，用虚线表达。有时采用剖视图能更全面、完整、清晰地表达零件内部结构。

① 剖视的概念   选定零件的适当位置，假想一个剖切平面

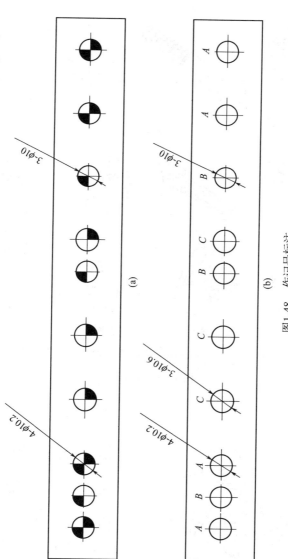

图1-48　作记号标注

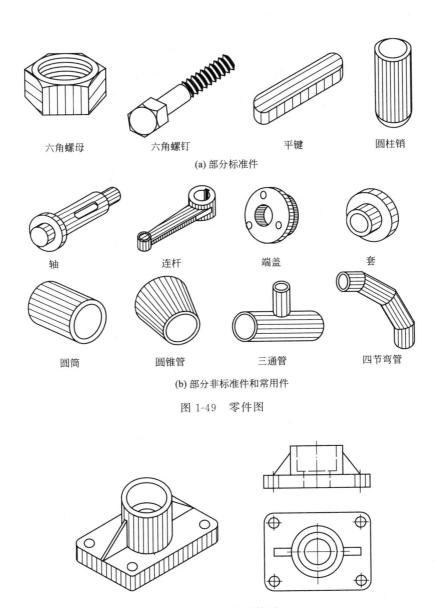

六角螺母　　　　六角螺钉　　　　　平键　　　　　圆柱销

(a) 部分标准件

轴　　　　　　连杆　　　　　　端盖　　　　　　套

圆筒　　　　　圆锥管　　　　　三通管　　　　四节弯管

(b) 部分非标准件和常用件

图 1-49　零件图

图 1-50　衬套零件图

把零件剖开，将观察者和剖切面之间的部分移开，而将其余部分向投影面投影所得的图形称剖视图，如图1-51（a）。在剖切到的部分画上剖面符号，如图1-51（b）衬套剖视图所示倾斜45°的细实线。常用的剖视图有全剖视、半剖视和局部剖视等。

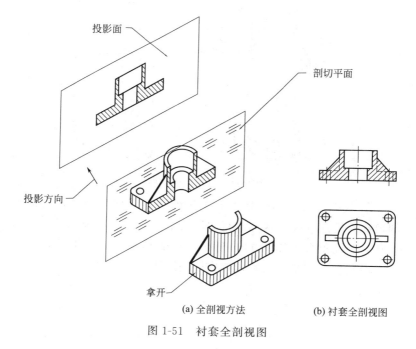

(a) 全剖视方法

(b) 衬套全剖视图

图1-51 衬套全剖视图

② 全剖视 为了清楚地反映零件内部形状，用剖切平面完全地剖开零件所得的剖视图称为全剖视图。如图1-51（b）衬套全剖视图。

③ 半剖视 零件内外都具有对称平面时，以对称中心线为界，一半画成全剖视图的一半，另一半画成外形视图的一半。剖视图中已表达内部孔形状，在未剖的视图中，虚线可以不画。取外形视图的一半和内形全剖视图一半进行合成，在中间以点划线为分界线，这种剖视称为半剖视，特点是：既保留了外形又表达

了内形，如图 1-52 所示。尚未表达清楚的内形，如四个小孔仍须用虚线画出。

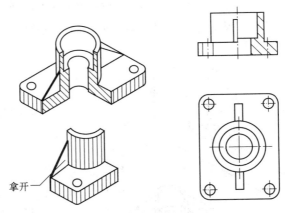

图 1-52　衬套半剖视图

④ 局部剖视　用剖切平面把零件的某一部分剖开，所得的剖视称为局部剖视。局部剖视图用波浪线分界，波浪线不能和图上其它图线重合，如图 1-53 所示。已表达了螺栓孔形状，另一侧螺栓孔虚线省略，其它未剖内腔还应用虚线表示。用局部剖视

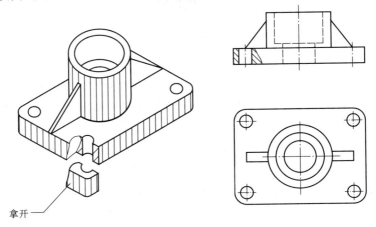

图 1-53　衬套局部剖视图

表达的最大特点是在表达内形的同时，能够保留外形。局部剖切，可以是小范围的（如螺栓孔），也可以是大范围的，其表达方法的灵活性，是全剖视和半剖视所不能相比的，如图1-63箱体零件图。

⑤ 剖面 假想用剖切平面将零件的某处切断，只画出断面的图形，如图1-54。剖面分为移出剖面和重合剖面。移出剖面的轮廓线用粗实线绘制，移出平面应尽量配置在剖切平面迹线的延长线上，如图1-55（a）、图1-56（a）、（b），迹线用细点划线绘制。重合平面的轮廓线用细实线绘制，当视图中的轮廓线与重合剖面的图形重合时，视图中的轮廓线仍连续画出，不可间断，如图1-55（c），图形对称时，剖面也可画在视图中断处，或连续画都不必标注如图1-55（b）。移出剖面一般应用剖切符号表示剖切位置，用箭头表示投影方向，并注上字母，在剖面图的上方应用同样的字母标出相应的名称"×—×"，如图1-56（c）、（e）；配置在剖切符号上的不对称移出剖面，可省略字母，如图1-56（a）；未配置在剖切符号延长线上的不对称移出

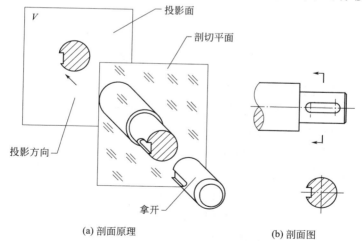

(a) 剖面原理　　　　　　　　　　(b) 剖面图

图 1-54　剖面图例

平面视图必须注字母，如图 1-56(c)、(e)；配置在投影位置的视图可不标注箭头，如图 1-56(d)；旋转剖视配置的视图用箭头标明投影方向，如图 1-56(e)。

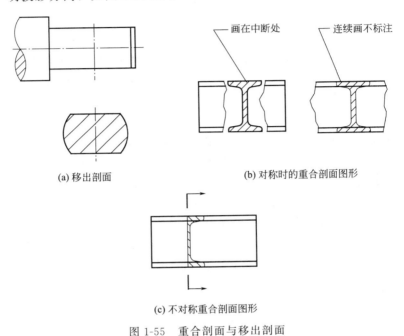

(a) 移出剖面

画在中断处　连续画不标注

(b) 对称时的重合剖面图形

(c) 不对称重合剖面图形

图 1-55　重合剖面与移出剖面

(3) 零件的视图表达

不同零件的结构型式，采用不同的视图表达方法，下面分别就几个典型零件的视图表达予以讨论。

① 回转体零件　轴类零件主体结构是回转体，一般只画出水平放置的零件的主视图，再配置剖视、局部剖视、局部放大等表达方式。图样上的直径用符号"ϕ"表示，如图 1-57。圆柱形法兰和类似零件上均匀分布的孔可按图 1-58、图 1-59 方法表示。另一类内空回转体零件例如衬套、轮盘类零件，一般用主视图和俯视图表达。对于筋、轮辐、薄壁等，如按纵向剖切，这些结构

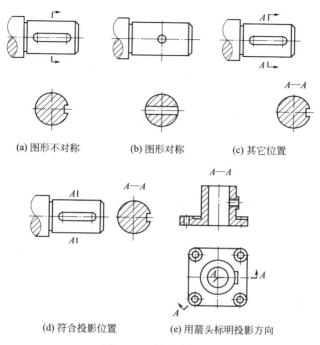

(a) 图形不对称   (b) 图形对称   (c) 其它位置

(d) 符合投影位置   (e) 用箭头标明投影方向

图 1-56   剖面示例图

都不画剖面符号，而用粗实线将它与其邻近部分分开。当回转体上均匀分布的筋、轮辐、孔等结构不处于剖切平面时，可将这些结构旋转到剖切平面上画出。如图 1-60。

② 零件上相同结构的简化   零件上具有相同结构（齿、槽等），并按一定规律分布时，只画出几个完整结构，其余结构用细实线连接，在零件图中则必须注明该结构总数，如图 1-61（a）。若干直径相同而且成一定规律分布的孔（圆孔、螺孔、沉头孔等），可以仅画出一个或几个，其余只需用点划线表示其中心位置，在零件图中应注明孔的总数，如图 1-61（b）。网状、编织物或机件上的滚花部分，可在轮廓线附近用细实线示意画出，并在零件图上或技术要求中注明这些结构的具体要求，如

图1-61(c)。

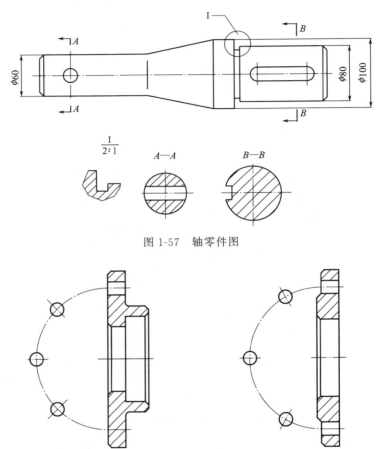

图 1-57　轴零件图

图 1-58　端盖上均匀分布的孔　　　　图 1-59　法兰上均匀分布的孔

③ 支座类零件　毛坯一般是铸件或焊接件。按零件复杂程度配置两个或两个以上的视图。零件上常有凸台、加强筋等，如图 1-62，采用了全剖、局部剖视，左视图的全剖视清楚表达了孔和筋的形状和位置，采用 A—A 剖视的俯视图表达了筋的位置和厚度，主视图上局部剖视使孔和凸台更清晰直观。

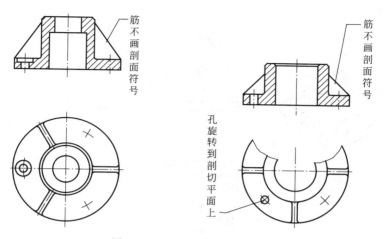

图 1-60　回转零件上的筋和孔

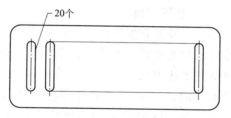

(a) 按一定规律分布的长孔

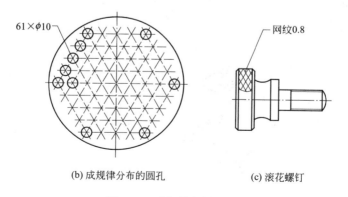

(b) 成规律分布的圆孔　　　　(c) 滚花螺钉

图 1-61　成规律相同结构

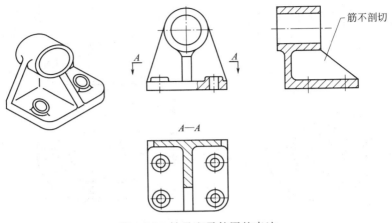

图 1-62　轴承座零件图的表达

④ 箱壳类零件　毛坯一般是铸件或焊接件。壳壁上的孔一般内、外部都有凸台，外部有加强筋。需配置两个或两个以上的视图。选择零件形状的主要特征作为主视图，充分利用剖视、剖面，以及局部视图的表达方法。以用最少的视图，最清晰地表达零件内、外形状为目的。图 1-63 的箱体零件图全部采用局部剖视，只用主视、俯视图，既表达了内、外部形状又保留了零件外形。

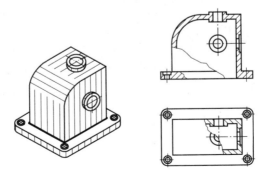

图 1-63　箱体零件图

1.1.7 公差与表面粗糙度

公差是反映对制造零件的精度要求。表面粗糙度是指加工表面上所具有的较小间距的峰谷所组成的微观几何形状特性，主要由加工方法形成。

（1）公差术语及定义

见图 1-64，图（a）为轴标注尺寸及公差，图（b）为公差名词图解（把所标注尺寸及公差，用图来表示它们之间的关系）。

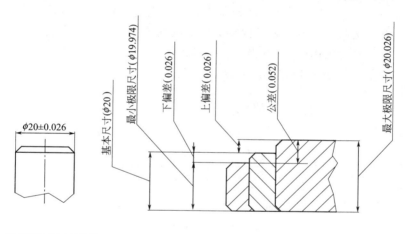

(a) 轴标注尺寸及公差   (b) 公差名词图解

图 1-64 轴尺寸及公差名词图解

① 基本尺寸 设计时选定的尺寸，通过它应用上、下偏差可算出极限尺寸的尺寸（基本尺寸可以是一个整数值，也可以是一个小数值）。

② 公差 表示零件加工时允许的误差。

③ 上偏差 最大极限尺寸减其基本尺寸所得的代数差。

④ 下偏差 最小极限尺寸减其基本尺寸所得的代数差。

⑤ 最大极限尺寸 孔或轴所允许的最大尺寸。

⑥ 最小极限尺寸　孔或轴所允许的最小尺寸。

（2）表面粗糙度代号及注法

表面粗糙度代号由基本符号、表面粗糙度参数代号及数值、取样长度、加工方法、纹理方向和加工余量等组成，但表面粗糙度代号并不是必须由上述内容组成，而是根据零件的功能要求而定。

① 表面粗糙度的基本符号　表面粗糙度的基本符号由两条不等长的直线组成，其夹角为 60°，如图 1-65（a）所示，如需要表示表面的粗糙度由去除材料的方法获得，则应在基本符号上加一短线，如图 1-65（b），如需要表示表面的粗糙度由不需去除材料方法获得，或者要求保持原供应状况即保持上道工序的表面粗糙状况时则用图 1-65（c）所示的符号。基本符号线的粗度为字高的 1/10，其它相互关系如图 1-66 所示。

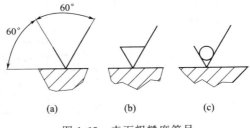

图 1-65　表面粗糙度符号

② 表面粗糙度的标注

◇ 当零件所有表面具有相同的表面粗糙度要求时，可在图样的右上角统一标注，其粗糙度大小应大一号，即是同类零件表面粗糙度代号的 1.4 倍，不必加注全部字样，见图 1-67（a）。

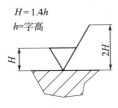

图 1-66　表面粗糙度
符号的相关参数

◇ 当零件的大部分表面具有相同的表面粗糙度时，可以将其大一号的代号统一标注在图样的右上角，并加注其余两字，见图 1-67（b）。

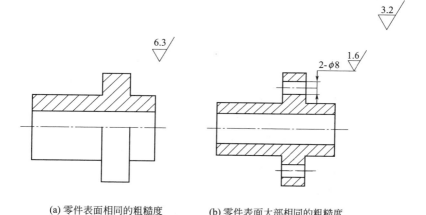

(a) 零件表面相同的粗糙度　　　　　(b) 零件表面大部相同的粗糙度

图 1-67　所有相同与大部相同的粗糙度

◇ 对于连续表面［图 1-68（a）］或重复要素表面［图 1-68（b）］，以及用细实线相连的不连续的同一表面［如图 1-68（c）］，不需要在所有表面标注表面粗糙度代号，只需标注一次。在同一表面上如要求不同的粗糙度时，用细实线画出两个不同要求部分的分界线，如图 1-68（d）所示。

1.1.8　螺纹、齿轮简介

（1）螺纹

螺纹广泛用于各种可拆卸连接和各种螺旋机构上。螺纹的种类很多，但它们的结构基本相同。如图 1-69 的一组螺栓连接是由螺栓、螺母、垫圈三个零件组成。螺栓上的螺纹称外螺纹，螺母上的螺纹称内螺纹。

① 螺纹线　一动点 A 沿直线 L 等速移动，而直线 L 又绕 O-O 为轴线作等角速圆周运动，则直线 L 的轨迹是一圆柱面，而动点 A 的轨迹是该圆柱面上的螺旋线，如图 1-70（a）。动点 A 随直线 L 绕轴线 O-O 一周（360°）后，形成了在圆柱面上以轴向

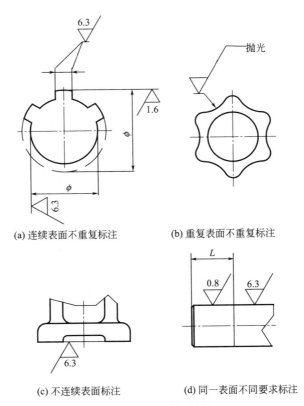

(a) 连续表面不重复标注　　　　(b) 重复表面不重复标注

(c) 不连续表面标注　　　　(d) 同一表面不同要求标注

图 1-68　不重复标注

距离为 T 的轨迹，把动点 A 在圆柱面上的轨迹展开后，得出螺纹线（又称螺旋线）的长度，如图 1-70(b)。

② 普通螺纹　以普通螺纹（称米制或公制螺纹）为例介绍它的有关名词和术语及简化画法。

a. 牙型及有关的术语

➢ 螺纹牙型：在通过螺纹轴线剖开的剖面图上螺纹的轮廓形状，如图 1-71 。

➢ 牙顶：螺纹凸起部分的顶端。

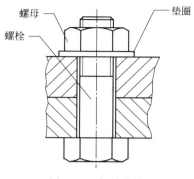

图 1-69 螺栓连接

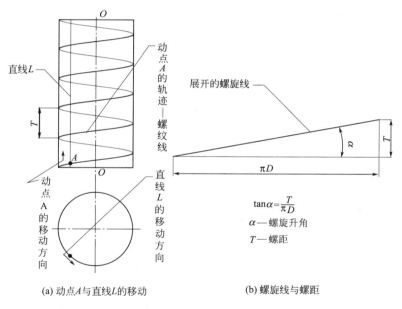

(a) 动点A与直线L的移动

(b) 螺旋线与螺距

$$\tan\alpha = \frac{T}{\pi D}$$

α——螺旋升角

T——螺距

图 1-70 螺旋线的形成

➤ 牙底：螺纹沟槽的底部。

➤ 大径：与外螺纹牙顶或内螺纹牙底相重合的假想圆柱面

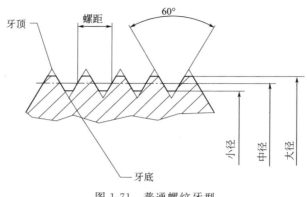

图 1-71　普通螺纹牙型

的直径。

➤ 小径：与外螺纹牙底或内螺纹牙顶相重合的假想圆柱面的直径。

➤ 中径：一个假想圆柱的直径，该圆柱的母线通过牙型上沟槽和凸起宽度相等的地方，此假想圆柱称为中径圆柱。

➤ 螺距：在中径圆柱的母线上，同一条螺纹相邻两牙对应点间的距离。

b. 结构有关术语：如图 1-72。

➤ 螺纹收尾：螺纹不完整的收尾，简称螺尾。

➤ 螺纹空白：其上全部制出螺纹的螺钉，其支撑端面和螺纹末端之间有一小段没有螺纹的空白。

➤ 肩距：螺纹收尾和螺纹空白的总长。

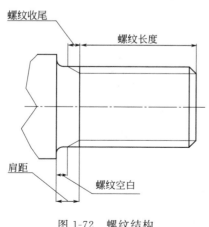

图 1-72　螺纹结构

➢ 螺纹长度：螺杆上或螺孔内具有完整牙型螺纹的长度（或称有效长度）。

c. 螺纹的简化画法：螺纹的投影图绘制很麻烦，尤其是当螺距较小时和内、外螺纹结合在一起时，反而使看图者眼花缭乱。因此采用简化画法代替。螺纹小径用细实线表示，当需要画出螺尾时，螺尾部分用与轴线成30°角的细实线表示，如图1-73和图1-74所示。

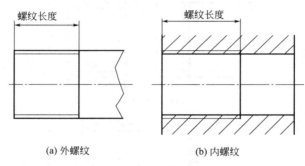

(a) 外螺纹　　　　　　　　　(b) 内螺纹

图1-73　螺纹的简化表示方法

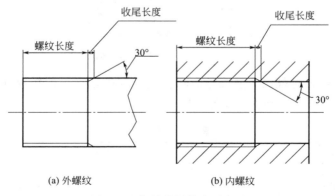

(a) 外螺纹　　　　　　　　　(b) 内螺纹

图1-74　螺纹收尾的表示方法

d. 螺纹的标注：螺纹也和其它结构一样，除了图形外还要标注其各部尺寸和有关技术要求。以公制普通螺纹为例的一般标注，如图 1-75（a），图中"M"代表公制螺纹，24 代表大径为 24mm 的普通螺纹，在普通螺纹中，螺距为粗牙不标注螺距，相反细牙要标注螺距，中间用"×"连接。右旋不标注旋向，而左旋则在螺距后面标"左"字，如图 1-76 所示。另外，螺纹的其它要求，一般在后面加一横线再标注相应的要求，例如公差等级。

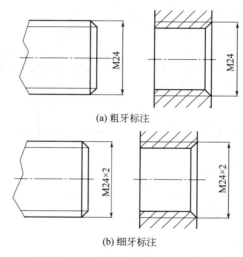

(a) 粗牙标注

(b) 细牙标注

图 1-75　公制普通螺纹的标注

e. 各种螺纹牙型符号：除普通螺纹外，常用的螺纹还有梯形螺纹、英寸制管螺纹等。见表 1-2。

表 1-2　螺纹代号

种　　类	符号	说　　明
普通螺纹	M	"M"为米制的意思，以下同此
公制锥管螺纹	ZM	"Z"为"锥"字的汉语拼音字头
梯形螺纹	Tr	"Tr"是国际通用符号
英寸制管螺纹	G	"G"为"管"字的汉语拼音字头
英寸制锥螺纹	Z	"Z"为"锥"字的汉语拼音字头
英寸制锥管螺纹	ZG	"ZG"分别为"锥"、"管"字的汉语拼音字头

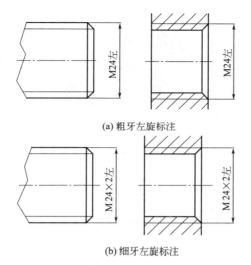

(a) 粗牙左旋标注

(b) 细牙左旋标注

图 1-76 公制左旋普通螺纹的标注

（2）齿轮

　　齿轮传动系统在机械设备中处于极其重要的地位，用于传递功率、改变回转的速度或运转方向。常见的齿轮有圆柱齿轮、圆锥齿轮和蜗轮蜗杆等传动构件，如图 1-77。齿轮的齿形轮廓形状有渐开线、摆线和圆弧等。齿轮上的轮齿方向又可分为直齿、斜齿、人字齿和曲线齿等。齿轮结构如图 1-78 所示。齿轮各部分尺寸与齿轮的模数有一定的比例关系，齿轮的模数已经标准化。除特殊需要外，一般齿轮的齿形轮廓曲线不需要在图样上画出。在制图标准中有一系列的齿轮规定画法，对绘制齿轮图形或识别齿轮图形都很方便。

　　① 主要参数　如图 1-79 所示以圆柱直齿轮为例。

　　◇ 齿顶圆直径（$D_顶$）：通过齿顶的圆。

　　◇ 分度圆直径（$D_分$）：用来分齿的圆，或称节圆。

　　◇ 齿根圆直径（$D_根$）：通过齿根凹槽的圆。

　　◇ 齿数（z）：齿轮牙齿的数目。

图 1-77　常见齿轮

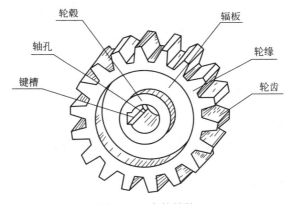

图 1-78　齿轮结构

◇ 齿距（t）：在分度圆上，一个齿到另一个齿的弧长。

◇ 模数（m）：周节与 π 的比值。

◇ 中心距（a）：轮系中两齿轮节圆上的中心距离。

② 齿轮的画法

a. 视图的选择：一般用两个视图，或一个视图加上局部视图表示。在平行于齿轮轴线的方向取全剖视或半剖视。如图 1-80。

b. 齿轮的表示方法。

➢ 齿顶圆和齿顶线用粗实线绘制。

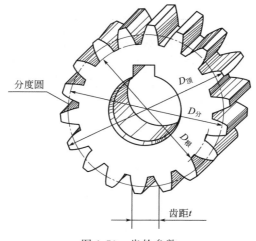

图 1-79　齿轮参数

➢ 分度圆和分度线用点划线绘制。

➢ 齿根圆用细实线表示，在外形图中可省略不画；在剖视图中齿根线用粗实线绘制，如图 1-80。对于内啮合齿轮，其内圈的齿顶圆应画成细实线，齿根圆画成粗实线，如图 1-81。

c. 齿轮部分被剖切后的处理：在剖视图中，当剖切平面通过齿轮的轴线时，无论是否切到轮齿，一律按不剖处理，即留出齿顶到齿根部分而不画剖面线，这样更明显地表示出齿轮的大小和位置，见图 1-80 中的剖视图。

d. 齿轮方向的表示：对斜齿、人字齿和曲线齿轮除了要求在齿轮参数表中注出有关的角度外，还需画出三条与齿轮牙型方向一致的细实线，以说明轮齿的方向，如图 1-82。直齿不画牙型方向的细实线。

e. 齿轮啮合的画法：圆柱齿轮传动的啮合画法如图1-83。在垂直于圆柱齿轮轴线的投影面的视图中（如图 1-83 中的左视图），两啮合齿轮的分度圆应相切，齿顶圆用粗实线绘制，

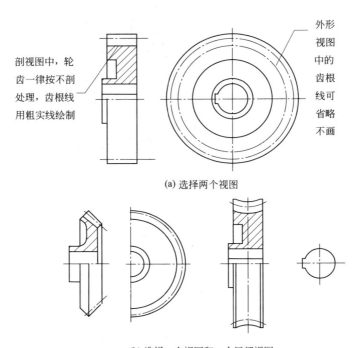

剖视图中，轮
齿一律按不剖
处理，齿根线
用粗实线绘制

外形
视图
中的
齿根
线可
省略
不画

(a) 选择两个视图

(b) 选择一个视图和一个局部视图

图 1-80　齿轮视图的选择

啮合区内两段齿顶圆的圆弧省略不画，齿根圆和单个齿轮的
画法相同，一般省略不画。剖视图中，当剖切面通过两啮合
齿轮的轴线时，在啮合区内，可假想其中一个齿轮的轮齿被
另一个齿轮的轮齿遮挡，即一个用粗实线表示，另一个被遮
挡部分用虚线表示，如图 1-83，为使啮合区图面清晰，被遮
挡部分虚线也可省略不画。在平行于轴线的投影图中，啮合
区的齿顶线不必画出，只在节线位置画出一条粗实线以表示
两个齿轮的分界线。对于斜齿和人字齿轮还需画出表示齿线
方向的细实线，直齿齿线方向与单个齿轮一样不必画出，如
图 1-84。圆锥齿轮的啮合画法与圆柱齿轮的啮合画法基本相

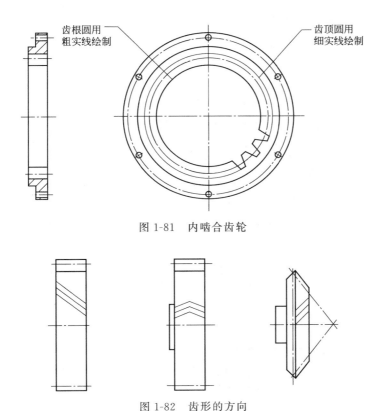

图 1-81　内啮合齿轮

图 1-82　齿形的方向

同，如图 1-85，其中剖视图中虚线处理方法与图 1-83（c）相同，左视图中两节圆相切，画出大、小两端齿顶圆。蜗轮蜗杆的啮合画法如图 1-86 采用两个外形图，图 1-87 为蜗轮蜗杆啮合剖视图。全剖视图中蜗轮在啮合区被遮挡部分的虚线省略不画，局部剖视图中，啮合区内蜗轮的齿顶圆和蜗杆的齿顶线也可省略不画。

1.1.9　装配图简介

按照各零件装配成机器（或设备）后的位置而绘制出的图样

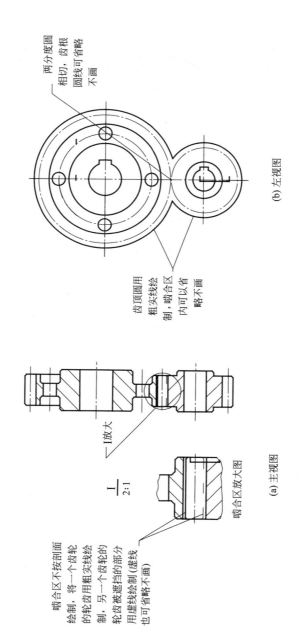

两分度圆相切，齿根圆线可省略不画

齿顶圆用粗实线绘制，啮合区内可以省略不画

(b) 左视图

I 放大

I
2:1

啮合区放大图

啮合区不按剖面绘制，将一个齿轮的轮齿用粗实线绘制，另一个齿轮的轮齿被遮挡的部分用虚线绘制（虚线也可省略不画）

(a) 主视图

图1-83 圆柱齿轮传动啮合简图

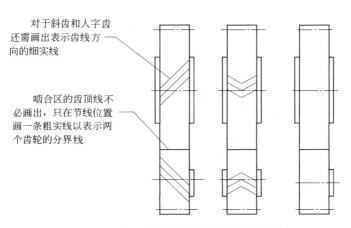

对于斜齿和人字齿还需画出表示齿线方向的细实线

啮合区的齿顶线不必画出，只在节线位置画一条粗实线以表示两个齿轮的分界线

图 1-84　平行于轴线的圆柱齿轮啮合投影图

称装配图。绘制出整部机器的称"总装配图"，绘制出机器某部分的称"部件装配图"。在绘制装配图时，在零件图中所学到的视图，剖视图和剖面等各种表达方式对装配图同样适用，尤其是剖视更是装配图的主要表达方式之一。装配图着重反映零件之间的装配关系，对于单个零件的内外形状，不一定要表达清楚。配置视图的数目也取决于装配关系是否表达清楚。为区别相邻零件，画法也有规定，读图时须遵守这些规定。

（1）相邻零件的区分方法

① 相邻两个零件，将接触表面画成一条线；不接触表面画成两条线。

② 在剖视图中，为区别相邻关系，剖面线方向应画成相反，或者方向相同，间隔不等。同一个零件在同一视图中，剖面线方向和间隔尽可能一致。

（2）对于紧固件以及轴、连杆、球、键、销等实心零件的剖视

若按纵向剖切，且剖切平面通过其对称平面或轴线时，则这些零件均按不剖绘制。

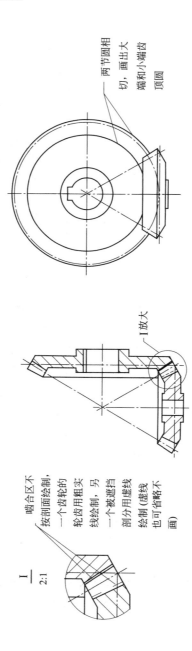

图1-85　圆锥齿轮啮合画法

两节圆相切，画出大端和小端齿顶圆

I放大

啮合区不按剖面绘制，一个齿轮的轮齿用粗实线绘制，另一个被遮挡剖分用虚线绘制（虚线也可省略不画）

$\dfrac{I}{2:1}$

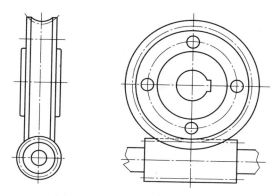

图 1-86　蜗轮蜗杆啮合外形视图

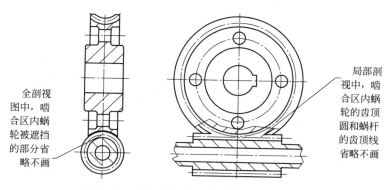

全剖视图中，啮合区内蜗轮被遮挡的部分省略不画

局部剖视中，啮合区内蜗轮的齿顶圆和蜗杆的齿顶线省略不画

图 1-87　蜗轮蜗杆啮合全剖和局部剖视图

（3）特殊表达方式

① 简化画法　在装配图中，零件的工艺结构如小圆角、倒角、退刀槽等可以省略不画，如图 1-88 螺栓、螺母倒角省略；相同规格零件可详细画在一处，其它位置可用中心线表示。

② 夸大画法　对于小间隙、小斜度或薄片零件，可适当夸大画出，如图 1-88 中螺栓与螺栓孔、键与套孔，图 1-89 中，键与轴套孔间隙采用了扩大画法。

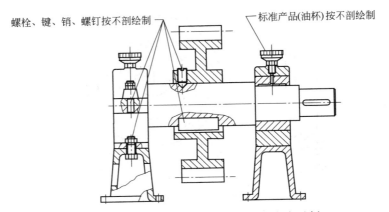

螺栓、键、销、螺钉按不剖绘制　　　　标准产品(油杯)按不剖绘制

图 1-88　装配图中的简化、不剖、夸大示例

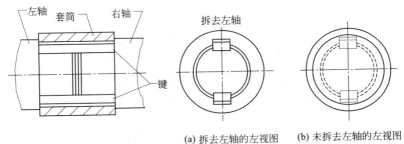

左轴　套筒　右轴　　　　拆去左轴　　　　键

(a) 拆去左轴的左视图　　　(b) 未拆去左轴的左视图

图 1-89　套筒联轴器的拆去画法

③ 假想画法　用双点划线绘制相邻辅助零件时，一般不应遮盖后面零件，如图 1-90 中软管假想位置。

④ 拆卸画法　假想某些零件拆卸后绘制，必要时可加注"拆去××"等字样，如图 1-89，拆去左轴的左视图，显示套管内部更清晰。

(4) 装配图的内容

装配图应包括一组视图、必要尺寸、技术要求、明细表及标题栏，如图 1-90。

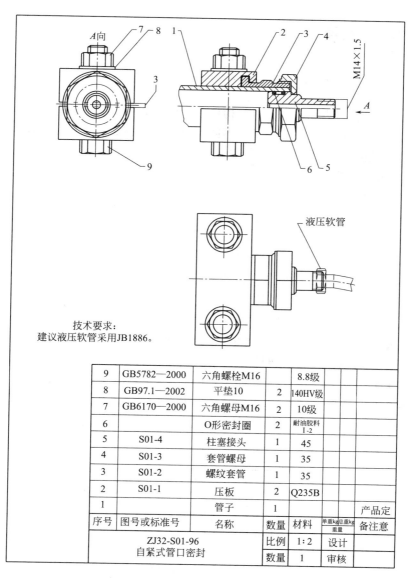

技术要求:
建议液压软管采用JB1886。

9	GB5782—2000	六角螺栓M16		8.8级		
8	GB97.1—2002	平垫10	2	140HV级		
7	GB6170—2000	六角螺母M16	2	10级		
6		O形密封圈	2	耐油胶料1-2		
5	S01-4	柱塞接头	1	45		
4	S01-3	套管螺母	1	35		
3	S01-2	螺纹套管	1	35		
2	S01-1	压板	2	Q235B		
1		管子	1			产品定
序号	图号或标准号	名称	数量	材料	单重kg 总重kg 重量	备注意
ZJ32-S01-96 自紧式管口密封			比例	1:2	设计	
			数量	1	审核	

图 1-90 自紧式管口密封的装配图

1.2 金属材料

1.2.1 金属材料的力学性能

从受力方面看，在机械构件中，构件的工作性能不同，对组成构件的零件用材的要求也不同。力学性能最基本的指标是强度（抗拉强度、屈服强度和抗弯强度、疲劳强度等）、硬度、塑性和冲击韧性等。

（1）强度

材料或构件受力时抵抗破坏的能力。如图 1-91 是钢作拉伸试验的标准试样，定出标距 L_0，将它放在拉力试验机上缓慢加载，直至拉断为止，如图 1-93。在拉伸变形的初始阶段，试样材料处于弹性变形阶段（据"物体在弹性变形范围内所加外力与物体的变形成正比"的这一定义，在这一阶段范围内，如果去掉外力，试样仍可恢复到原来的尺寸），随着载荷增加和变形的加大，当不再增加载荷试样仍然继续变形时，这种现象称为"屈服"，说明试样开始塑性变形，把开始塑性变形的这一点称"屈服点"，如图 1-92。从上面三个图示中，由试样直径 d_0、d_1、d_2 和截面积 F_0、F_1、F_2 以及拉伸力 P 之间的变化关系，可以分析材料其它力学性能。在这里我们只介绍抗拉强度和屈服强度。

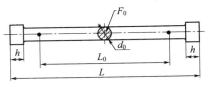

图 1-91 钢的拉伸标准试样

① 抗拉强度　材料在拉断时截面所承受的最大应力（或称强度极限），用 σ_b 表示，单位为 N/mm^2 或 MPa（又可用 kgf/

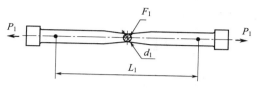

图 1-92 试样拉伸至屈服点的示意图

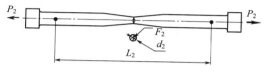

图 1-93 试样拉断后的示意图

mm^2）。

②屈服强度 材料抵抗微量塑性变形时的应力。用 σ_s 表示，单位为 N/mm^2 或 MPa（又可用 kgf/mm^2）。抗拉强度（σ_b）和屈服强度（σ_s）是分析零件或构件受力的主要指标。

（2）合金元素在钢中的作用（见表 1-3）

表 1-3 合金元素对钢的影响

名称	代号	性能
碳	C	钢中的含碳量增加,屈服点和抗拉强度增高,但塑性和冲击韧性降低,当含碳量超过 0.23% 时,钢的焊接性能变坏,因此用于焊接的低合金结构钢,含碳量一般不超过 0.20%
锰	Mn	在炼钢过程中,锰是良好的脱氧剂和脱硫剂,一般钢中含锰量为 0.30%～0.50%。在碳钢中加入 0.70% 以上时就算锰钢,较一般含量的钢不但有足够的韧性,且有较高的强度和硬度,提高钢的淬透性,改善钢的热加工性能。含锰 11%～14% 的钢有极高的耐磨性。锰量增高,减弱钢的抗腐蚀性能,降低焊接性能
硫	S	硫在通常情况下也是有害元素。造成钢产生热脆性,降低钢的延展性和韧性,在锻造和轧制时造成裂纹。硫对焊接性能也不利,降低耐腐蚀性能。所以通常要求含硫量小于 0.055%,优质钢要求小于 0.040%

名称	代号	性　　能
磷	P	在一般情况下,磷是钢中的有害元素,增加钢的冷脆性,使焊接性能变坏,降低塑性,使冷弯性能变坏。因此通常要求钢中含磷量小于0.045%,优质钢要求更低些
硅	Si	在炼钢过程中加硅作为还原剂和脱氧剂,所以镇静钢含有0.15%~0.30%的硅。如果钢中的含硅量超过0.50%~0.60%,硅就算合金元素。硅能显著提高钢的弹性极限、屈服点和抗拉强度,故硅广泛用于弹簧钢
铬	Cr	在结构钢和工具钢中,铬能显著提高钢的强度、硬度和耐磨性,但同时降低塑性和韧性。铬又能提高钢的抗氧化性和耐腐蚀性,因而是不锈钢、耐热钢的重要合金元素
镍	Ni	镍能提高钢的强度,而又保持良好的塑性和韧性。镍对酸、碱有较高的耐腐蚀能力,在高温下有防锈和耐热能力
钼	Mo	钼能使钢的晶粒细化,提高淬透性和热强性能,在高温时保持足够的强度和抗蠕变能力
钒	V	钒是钢的优良脱氧剂。钢中加0.50%的钒,可以细化组织晶粒,提高强度和韧性。钒与碳形成的碳化物,在高温下可提高抗氢腐蚀能力

1.2.2　钢的分类

钢是以铁为主要元素,含碳量一般不超过2%,并含有其它合金元素的材料(钢产品牌号一般采用汉语拼音字母、化学元素符号和阿拉伯数字相结合的方法表示)。

按合金元素含量分为碳钢(非合金钢)、低合金钢、合金钢。

(1) 碳钢

含碳量低于2%的碳铁合金的总称,主要以含碳量的多少来改变钢材的强度的钢(也有含少量其它元素改变钢性能的,如:15Mn、40Mn、70Mn,但主要还是碳),所以称为碳钢或碳素钢,也称非合金钢。

① 碳钢的分类

◇ 按含碳量分:低碳钢含 C 量 0.10%~0.25%;中碳钢含 C 量 0.25%~0.50%;高碳钢含 C 量 0.60%以上。

◇ 按用途分：碳素结构钢；碳素工具钢；专用钢。

◇ 按质量等级分：普通碳素结构钢；优质碳素结构钢；优质高级碳素结构钢；优质碳素工具钢；优质高级碳素工具钢。

② 常用碳钢牌号

a. 碳素结构钢：例如 Q195、Q125A、Q215B、Q235A、Q235B、Q235C、Q235D、Q275。牌号中（如 Q235A），Q 代表屈服点；数字 235 代表屈服点数值（单位为 MPa）；A 代表质量等级，分 A、B、C、D 四级。有的牌号后注有 "F" 的表示（脱氧方法）是沸腾钢，省略此符号的为镇静钢，标 "b" 为半镇静钢。

b. 低合金结构钢：例如 Q295A、Q345B、Q390C、Q420D、Q460E。牌号中，Q 和数字与前述相同，分别代表屈服点和屈服点数值，后面的 A、B、C、D、E 代表五个质量等级。低合金结构钢为镇静钢或特殊镇静钢，无脱氧方法符号。

c. 专用结构钢：例如 Q345R、Q390g。牌号中，Q 和数字与前述同，R 代表压力容器用钢；g 代表锅炉用钢。

d. 优质碳素结构钢

➤ 普通含锰量优质碳素结构钢：如 08F、45、20A。例如，08F 表示平均含 C 量为 0.08％的沸腾钢。20A 表示平均含碳量为 0.2％的高级优质碳素结构钢。45 表示平均含碳量为 0.45％的优质碳素结构钢。45E 表示平均含碳量为 0.45％的特级优质碳素结构钢。

➤ 较高含锰量优质碳素结构钢：如 15Mn、40Mn、70Mn。例如，15Mn 表示含 C 量为 0.12％～0.18％、含 Mn 量为 0.70％～1.00％的镇静钢。40Mn 表示含 C 量为 0.37％～0.44％、含 Mn 量为 0.7％～1.0％的镇静钢。70Mn 表示含 C 量为 0.67％～0.75％、含 Mn 量为 0.90％～1.20％的镇静钢。

➤ 专用优质碳素结构钢：如 20R、20g。例如，20R 表示平均含 C 量为 0.2％容器用优质碳素结构钢。20g 表示平均含 C 量为 0.2％的锅炉用优质碳素结构钢。

e. 碳素工具钢：如 T9、T12A、T8Mn。例如，T9 表示含 C 量为 0.85％～0.94％的优质碳素工具钢。T12A 表示含 C 量为 1.15％～1.24％的优质高级碳素工具钢，"A"表示高级。T8Mn 表示含 C 量为 0.80％～0.90％、含 Mn 量为 0.40％～0.60％的优质碳素工具钢。

（2）低合金钢

或称低合金高强度钢。含碳量较低，同时还含有少量的一种或几种合金元素（如锰、硅、镍、铬、钼、钛或钒）的结构钢。具有较高的屈服强度和足够的塑性和韧性，并有良好的焊接性能。

（3）合金钢

除主要合金元素铁、碳外，加入其它一种或几种一定量的合金元素的钢种的总称。常用的合金元素有：Mn、Si、Cr、Ni、W、Mo、V、Ti 等。

① 合金钢的分类

a. 按成分有：铬钢、镍钢、锰钢、硼钢、铬镍钢、锰硅钢、铬钼镍钢等（主要合金元素显著影响着钢的物理性能或化学性能）。

b. 按合金元素总含量可分为：低合金钢（合金元素总含量一般 5％以下）和中合金钢（合金元素一般 5％～10％）、高合金钢（合金元素一般 10％以上）。

c. 按用途分：合金结构钢、合金工具钢和特殊合金钢（如不锈钢、耐热钢）、专用合金钢。

d. 按质量等级分：优质合金结构钢、优质高级合金结构钢、优质合金工具钢、优质高级合金工具钢。

② 常用合金钢牌号　合金钢产品牌号采用阿拉伯数字和规定的合金元素符号表示。前面的数字一般表示碳含量。合金元素表示方法为：平均含量小于 1.5％时，牌号中仅标明元素符号，

一般不标含量；平均含量为 1.5％～2.49％、2.5％～3.49％、3.5％～4.49％、4.5％～5.49％······时，在合金元素符号后面相应写成 2、3、4、5······专用合金钢在牌号头部加代表产品用途的符号。

a. 合金结构钢：例如 15Cr 和 15CrA，15Cr 表示含 C 量控制在 0.12％～0.18％，而 15CrA 含碳量则控制在 0.12％～0.17％，而它们 Cr 的含量都为 0.70％～1.00％；30CrMo 和 30CrMoA，30CrMo 中 C 的含量为 0.26％～0.34％，30CrMoA 中 C 的含量控制在 0.26％～0.33％，两者 Cr 的含量均为 0.80％～1.10％、Mo 的含量均为 0.15％～0.25％。以上 15CrA 和 30CrMoA 中，"A" 表示优质高级，除它们的 C 含量控制较严外，有害杂质［如 S（硫）和 P（磷）］的含量，优质高级比优质控制得更严，这是优质和优质高级的主要区别。30Cr、40Cr、45Cr、50Cr，它们的含碳量不同，含 Cr 量均为 0.80％～1.10％。以上牌号的合金元素含量都小于 1.5％，所以不标元素含量。30Cr2Ni2Mo 表示含 C 量为 0.26％～0.34％，含 Cr 1.8％～2.22％，含 Ni1.8％～2.22％，含 Mo0.30％～0.50％。30Cr2Ni2Mo 中，Cr 和 Ni 的含量在 1.5％～2.49％之间，它们的含量应写成 2。

b. 合金工具钢：合金工具钢牌号表示方法与合金结构钢牌号表示方法相同，但平均含 C 量≥1.00％的，一般不标明含 C 量数字；平均含碳量＜1.00％的，可标一位数字表示平均含碳量（以千分之几计）。例如 9SiCr，含 C 量为 0.85％～0.95％，含 Si 量为 1.20％～1.60％，含 Cr 含量为 0.95％～1.25％，C 含量＜1.00％，应标明 C 含量数字 9；Cr12MoV，C 含量为 1.45％～1.70％，Cr 含量为 11.00％～12.50％，Mo 含量为 0.90％～1.40％，V 含量为 0.15％～0.30％，除标明 Cr 的含量外，C、Mo、V 的含量都不必标明。

c. 不锈钢：一般用阿拉伯数字表示 C 含量的千分之几，当

C 含量上限＜0.10％时，以一个"0"表示 C 含量；当 0.01％＜C 含量上限≤0.03％（称超低碳）时以"03"表示含碳量；当 C 含量上限≤0.01％（称极超低碳）时，以"01"表示碳含量。例如 4Cr13，C 的含量为 0.36％～0.48％，Cr 的含量为 12.00％～14.00％，C 和 Cr 的含量都应标明；0Cr18Ni9，C 含量上限为 0.08％，Cr 含量为 17.00％～19.00％，Ni 含量为 8.00％～11.00％，因 C 含量＜0.10％，标 C 含量数值为 0；03Cr19Ni10，C 含量上限为 0.03％，Cr 含量为 18.00％～20.00％，Ni 含量为 8.00％～12.00％，因 C 含量上限为 0.03％（超低碳），标 C 含量数值为 03；01Cr19Ni11，C 含量上限为 0.01％，Cr 平均含量为 19.00％，Ni 平均含量为 11.00％，因 C 含量上限为 0.01％（极超低碳），标 C 含量数值为 01。

1.2.3 钢的热处理简介

热处理是改善钢材及制品性能的工艺。根据不同的要求，将钢材或制品加热到适当温度，保温，随后用不同方法冷却，改变内部组织，以获得所要求的性能。可分为退火、正火、淬火、回火等。

(1) 退火

将钢材或制品加热、保温后缓慢冷却的工艺。根据不同材质、工件断面大小来确定加热温度和保温时间及冷却速度。退火目的通常是消除内应力（焊接应力和冷热、变形应力等）、软化组织，以便加工。

(2) 正火

将钢材或制品加热到一定温度经保温，然后在空气中冷却。目的是细化晶粒，消除网状碳化物及内应力，均匀组织，以改善力学性能。

(3) 淬火

将工件加热到适宜的温度，保温，随即快速冷却（水冷、油冷或空气中冷却）。一般用以提高硬度和强度。

（4）回火

将淬火后的制品加热，保温，然后缓慢或快速冷却。以减低或消除淬火钢件中的内应力，或降低强度和硬度，提高塑性和韧性。根据不同要求，有低温、中温和高温回火工艺。

1.2.4 部分钢产品的性能和用途

见表1-4。

表1-4 部分常用钢材性能及用途

名称	代号	σ_b/MPa	σ_s/MPa	性能及用途
碳素结构钢	Q195		195	负荷小的零件、铁丝、垫铁、垫圈、开口销、拉杆、焊接件、冲压件等
	Q215		215	拉杆、套圈、渗碳零件及焊接件
	Q235		235	金属结构件。心部强度要求不高的渗碳和碳氮共渗零件。拉杆、连杆、吊钩、车钩、螺栓、螺母、套筒、轴及焊接件。C、D级用于重要的焊接结构
	Q255		255	转轴、心轴、吊钩、拉杆、撬杆、楔等强度要求不高的零件，焊接性能尚可
	Q275		275	轴类、齿轮、链轮、吊钩等强度要求较高的零件
优质碳素结构钢及高含量锰的优质碳素结构钢	08F	294	177	强度不大，而塑性和韧性甚高，有良好的冲压、拉延和弯曲性能，焊接性能好。可作塑性须好的零件，如管子、垫片、垫圈；心部强度要求不高的渗碳和碳氮共渗零件，如套筒、短轴、离合器盘等
	08	325	195	
	10	315	185	
	20	410	245	冷变形塑性高，一般供弯曲、压延用，为了获得好的深冲压延性，板材应正火或高温回火 用于不经受很大应力而要求很大韧性的机械零件，如杠杆、轴套、螺钉、起重钩等。还可用于表面硬度高而心部强度要求不大的渗碳与碳氮共渗零件或钢管。冷拉或正火状态的切削加工性较退火状态好
	35	530	315	有良好的韧性和切削性能，大都在正火状态下使用，广泛用于制造负荷较大、截面尺寸较小的机械零件，一般不作焊接件
	45	600	355	强度较高的优质中碳结构钢，淬透性差，不淬容易变形或开裂。故一般在正火状态下使用，适于制造较高强度的运动零件，调质正火下可代替渗碳钢制造表面耐磨零件

名称	代号	σ_b/MPa	σ_s/MPa	性能及用途
优质碳素结构钢及高含锰量的优质碳素结构钢	55	645	380	经热处理后有较高的表面硬度和强度、良好的韧性,焊接性、冷变形性差,一般在正火或淬火后使用。用于耐磨性及强度较高的机械零件和弹性零件的制造,如轮圈、轮缘、扁弹簧等。也可用于生产铸件
	15Mn	410	245	是高锰低碳渗碳钢,性能与15钢相似,但淬透性、强度和塑性比15钢高。用以制造心部力学性能要求高的渗碳零件,如凸轮轴、齿轮、联轴器等。焊接性能尚可
	20Mn	450	275	
	25Mn	560	335	
	40Mn	590	355	可在正火状态下使用,也可在淬火与回火状态下应用。切削加工性好。冷变形时的塑性中等。焊接性能不良。用以制造疲劳负荷的零件。如轴辊子及高应力下工作的螺钉、螺母等
	50Mn	645	390	弹性、强度、硬度均高,多在淬火与回火后应用;在某些情况下也可正火后应用。焊接性能差。用于制造耐磨性要求很高、在高负荷下工作的热处理零件,如齿轮、齿轮轴、摩擦盘和截面80mm以下的心轴等
低合金结构钢	Q295		295	具有良好的塑性和较好的冲击韧性、冷弯性和焊接性。一般在热轧或正火状态下使用。用作冲压件、拖拉机轮圈和各种容器、低压锅炉气包、中低压化工容器和油罐、铁路车辆、造船和有低温要求的结构,可用−50～−70℃的条件
	Q345		345	综合力学性能良好,低温性亦可,塑性和焊接性良好,用作中低压容器、车辆、油罐、起重机、矿山设备、电站、桥梁等承受动荷的结构、机械零件、建筑结构、一般金属结构件,热轧或正火状态使用,可用于−40℃以下寒冷地区的各种结构
	Q390		390	正火状态下使用,焊接性能良好,推荐使用温度为−20～520℃,用于高中压锅炉和化工容器,大型船舶、桥梁、车辆、起重机械及较高载荷的焊接结构。热轧状态厚度>8mm的钢板,其塑性、韧性均差
	Q420		420	小截面钢材在热轧状态下使用,板材厚度>17mm的钢材经正火后使用。综合力学性能、焊接性能良好,低温韧性很好,用于大型船舶、桥梁、车辆、高压容器、重型机械及其它焊接结构
	Q460		460	

续表

名称	代号	σ_b/MPa	σ_s/MPa	性能及用途
合金结构钢	20Mn2	785	590	截面较小时相当于20Cr钢,可作渗碳小齿轮、小轴、活塞销、气门推杆、缸套等
	20MnMo	500	305	焊接性能良好,用于中温高压容器,如封头、底盖、筒体等
	18MnMoNb	590	440	耐高温500～530℃以下,焊接性能和加工性能良好,作化工高压容器、水压机工作缸、水轮机大轴等
	35CrMoV	1080	930	用作承受高应力的零件,如500℃以下长期工作的汽轮机转子的叶轮、高级涡轮鼓风机及压缩机叶轮转子、联轴器及动力零件

名称	代号	淬火温度/℃	淬火后硬度 HRC	性能及用途
碳工具钢	T7 T7A	800～822 水冷	≥62	具有较好的塑性和强度,能承受振动和冲击负荷,硬度适中时有较大的韧性,用作锻模、凿子、小尺寸风动工具、钳工工具和木工工具
	T8 T8A	780～800 水冷		具有足够的韧性和较高的硬度,用于制造能承受振动的工具,如钻中等硬度的岩石的钻头、简单的模子、冲头等
合金工具钢	9SiCr	820～860 油冷		淬透性良好,耐磨性好,具有回火稳定性,但加工性差。适用于作变形小的刃具、丝锥、板牙、铰刀、冷冲模等
	Cr12MoV	950～1000 油冷	≥58	具有较高的淬透性、硬度、耐磨性和塑性,变形小,但高温塑性差。适用于作各种铸、锻模具

1.3 工艺基准及工、夹、量具

1.3.1 基准简介

基准是测量时的起算点,按作用可分为设计基准和工艺基准

（测量基准、定位基准、装配基准）两大类。基准一般都在点、线、面上。工艺基准是工艺人员及工艺执行者根据自己工作对象的特点在编制或加工之初确定的，但并非固定不变，在测量、定位、装配过程中，有时根据"对象"特点及时调整、变换基准来达到预期目的。基准在机械行业中存在于各个环节，无时不体现在每一细节上。基准可分为：轴向基准、径向基准、周向基准。

（1）部分产品和典型零件的工艺基准

如图 1-94 中，立式罐体的轴向基准在下封头与筒节的环焊缝上，卧式罐体的轴向基准在左边封头与筒节的环焊缝上，它们的径向基准在各自的中心线上，周向基准在方位图顺时针方向的 0°、90°、180°、270°上，接管的轴向基准在该接管伸出筒体长度的端面上。圆柱齿轮的轴向基准在它的对称轴上，而径向基准则在两端的中心孔上，椭圆封头与筒节的轴向基准分别在它们的端部。国家标准中基准的应用如图 1-95：公差配合中有基孔制和基轴制，基孔制即以孔为基准，配以不同尺寸的轴，得到不同配合性能的构件。相反在基轴制中，以轴为基准，配以不同尺寸的孔，目的是相同的。图中的位置公差也是以此位置为基准，彼位置在规定范围满足构件性能的要求，如图 1-95 中的平行度和同轴度。

（2）基准的保留、变更和再造

毛坯经过划线工序或其它方法"做"的基准，是以后加工或检验的依据，加工后有的不能保留原基准的应再设基准。有的要永远保留基准，例如图 1-95 中的圆柱齿轮的径向基准（两端中心孔）要求长期保留，中心孔是开始加工时就"做"上的径向基准，以后的加工、检验都要以中心孔为基准，甚至经过"服役"后的维修过程中的定位、检验也还需要径向基准中心孔。还有长圆形毛坯的径向基准在毛坯外圆上，经过粗加工后它的径向基准很可能变更到两端中心孔或已加工过的外圆上。在同一设备或同一零部件同一方向上的基准一般只有一个。因此基准的概念和实际应用意义都非常广泛和重要。

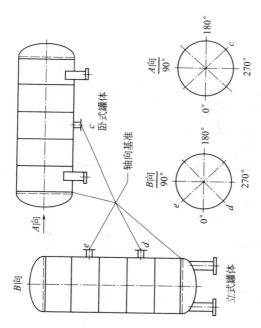

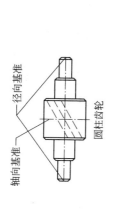

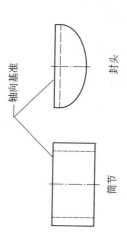

图 1-94 产品和典型零件的工艺基准

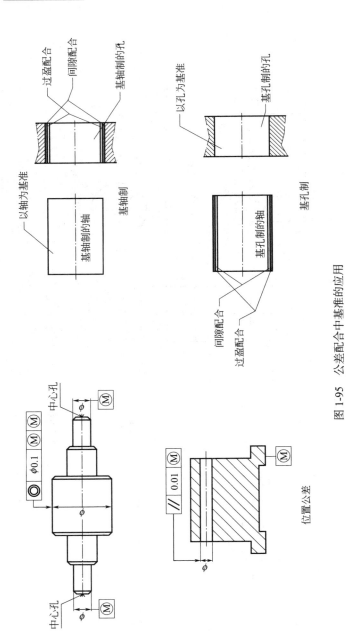

图 1-95 公差配合中基准的应用

1.3.2　铆工工具、量具、夹具的正确使用和维护

铆工对工量具使用和维护显示铆工的基本技术水平。

（1）铆工工具和量具

工具有：手锤、大锤、扁铲、尖铲、手锯、扳手、丝锥、板牙、起子、划规、梁规、划针、样冲等。量具有：钢卷尺、钢板尺、角尺、角度尺、游标卡尺等。铆工还要根据需要自制工、量具。

① 手锤和大锤的使用　手锤是众多工种的常用工具，以锤头质量分有 0.5 磅、1 磅、1.5 磅、2 磅、2.5 磅几种规格，1 磅约等于0.4536 千克（kg）（磅的代号为 lb）。大锤质量有 6 磅、8 磅、10 磅、12 磅、16 磅、24 磅等规格，它们的使用和要求如图 1-96 中所述。

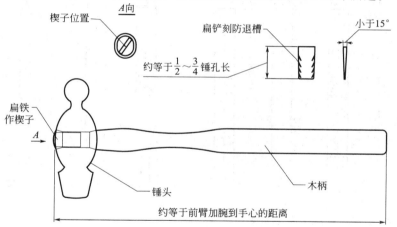

注意事项：

商品锤头热处理一般都能达到使用要求，木柄材质应为硬杂木质，例如檀木、梨木等。木柄与锤头孔配合应紧密，用图示楔子楔牢固。柄身光洁，手握部分大小以适合自己为宜。

操作手锤时应避开挥动方向的人和危险品，握锤的手不允许戴手套，一般握在柄尾部，尽可能用腕部挥动配以前臂微动，目视锤击目标，注意力集中在运动的锤头部分，掌握好要领，手锤敲击才安全、准确、有力。

大锤木柄安装与手锤相同，只是柄长度视大锤重量而异。操作大锤的双手都不允许戴手套，避开锤头运动轨迹方向的人和危险品，目视锤击目标，注意力集中在运动的锤头。大锤使用时尽可能避免"大锤小用或小锤大用"。

手锤和大锤都要随时检查锤头与木柄的牢固情况，防止松动，避免安全事故。

图 1-96　手锤和大锤

② 扁铲、尖铲的淬火　扁铲和尖铲的材料一般是碳素工具钢 T7 或 T8，断面以正方形倒角为宜，根据用途可做成不同规格，头部略小，刃口部按需要做成各种形状，扁铲和尖铲最重要的是刃磨和淬火，商品工具采用正规热处理设备和工艺进行淬火＋回火，然后头部火焰加热退火。一般工厂由操作者自己淬火，即"局部淬火＋余热回火"，就是利用还未冷却部分热量使已淬火部分的硬度软下来，过渡区域的硬度升上去，达到高硬度的刃口（55～60HRC）逐渐变软过渡到非淬硬区，要求既要承受冲击力又不会断裂，余热回火是很难掌握的技术，靠长期摸索试验

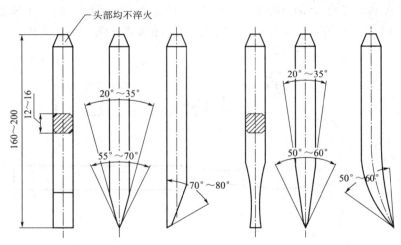

准备：1.扁铲或尖铲按需要刃磨好。
　　　2.一小桶水和一小盘水，盘内水深约3～4mm。
　　　3.氧-乙炔加热工具。
淬火方法：1.加热温度(T7或T8)约750～800℃(亮红色)，加热长度25～35mm，视其被加热断面的大小，断面大加热长，断面小加热短。缓慢升温防止过烧。
　　　　　2.溺水冷却长度一般不大于10mm(在水中平行移动使之充分冷却)，仔细观察水外温度不大于350℃(无红色)时，迅速取出观察被冷却部分的颜色变化，正常情况下为白色，并迅速变为黄色，再变为蓝色，达到要选择的颜色时，即速在水中冷却到不大于100℃时，直立放在水盘中自然冷却。视材料不同，选择的颜色有差别，例如T7或T8碳素工具钢黄转蓝时冷却，50、45钢作扁铲时白转为黄时冷却，这种操作是在极短的瞬间完成的，严格掌握好加热温度、溺水长度、颜色变化、余热冷却等重要环节。

图 1-97　扁铲、尖铲的淬火

总结经验，是铆工、焊工应该熟练掌握的技术，具体操作如图1-97所述。

③ 划线工具的使用和维护　划线工具有划规、梁规、划针、样冲、粉线、小锤等，大部为自制工具，如图1-98所示的梁规、样冲、划针等都是操作者自己制作，梁规的主梁最好用商品矩形方钢，滑套用钢板弯曲焊接，经手工锉修方孔与矩形方钢的配合应既灵活又严密，起到导向好，调整尺寸方便的作用。划针、样冲、梁规刃口淬火方法与扁铲、尖铲的淬火方法相同。商品划规也要合理刃磨，卡脚松紧程度应适当检查和调整。

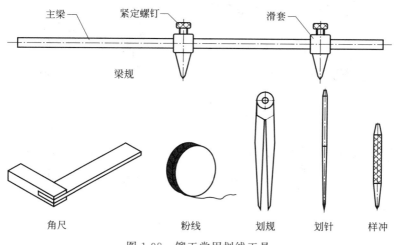

图1-98　铆工常用划线工具

④ 量具的使用和维护　卷尺、钢板尺、角尺、角度尺、游标卡尺、塞尺等是铆工常用的量具，量具使用时应轻拿轻放，防止磕碰、扭曲、折弯、划伤、锈蚀等，保证量具的使用精度，使用后擦净，用带润滑油的棉纱擦一遍防锈。

（2）自制工、夹具

在实际操作中会遇到很多难以意料的问题，平时要自行准备通用性较强的工、夹具，如图1-99所示的各种自制工艺装备，

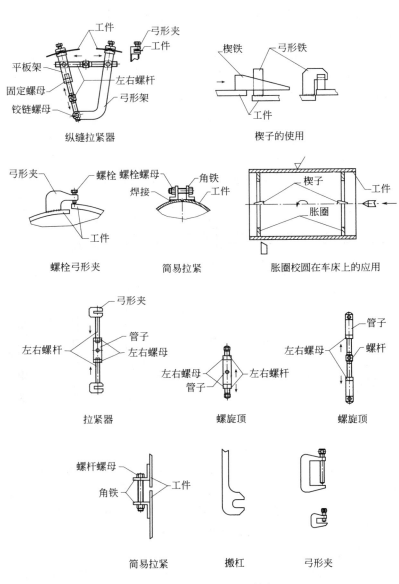

图 1-99　各种自制工艺装备

以备随时方便使用，同时要注意收藏保管，例如展开放样的样板等要作好长期使用的准备。

（3）工、夹、量具的保管

量具切忌与工具混放，例如卷尺、钢板尺、角尺、游标尺不要与手锤、大锤、锉刀等混放，要分类整齐排列，以便寻找。各种样板要编号存放。

第2章
划线下料

2.1 常用划线知识

（1）垂直线、平行线、等分线段

无论什么样的划线，"找正"是划线的第一步，也就是常说的划好基准线，正确的基准线能给后面的划线带来划线准确、省时、省力的好处，并为后面的工序带来方便。基准线有直线、垂直线、平行线等。垂直线、平行线和等分线段的作法如图 2-1。

（2）简单几何作图

划线下料操作中经常作等分圆周或者画几何图形，图 2-2（a）是内接多边形的画法，除介绍作图等分圆外，还介绍利用直径乘

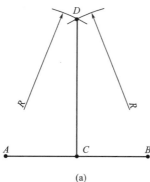

(a)

过直线上C点作该直线的垂直线：
作 $AC = BC$，分别以A和B为圆心，大于AC之长为半径作弧交于D点，连接CD则CD垂直于AB

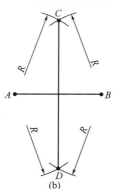

(b)

作直线AB的垂直平分线：
分别以线段端点A和B为圆心，AB之长为半径作弧交于C和D，连接CD，则CD垂直于AB，且平分AB

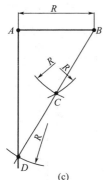

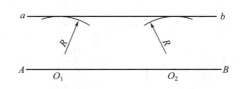

(d)

作已知直线AB的平行线:
在直线上任取两点O_1和O_2为圆心，相同
的尺寸为半径分别作弧，两圆弧的
公切线ab，则ab平行于已知直线AB

(c)

已知直线AB，作过A点垂
直于直线AB的垂直线:
分别以A和B为圆心，
AB之长为半径作弧交于
C点，再以C点为圆心，
AB之长为半径作弧，
连接BC并延长交于
D点，再连接AD，
则DA垂直于AB

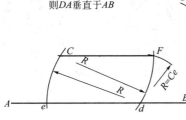

(e)

已知直线AB外一点C，作过
C点平行于AB的直线:
以C点为圆心，大于C到AB
直线的距离为半径作
弧交于d点，以d点为圆心，
相同半径作弧交于
e点，以d点为圆心，C到
e的距离为半径作弧交
于F点，过C、F两点
作直线，则AB∥CF

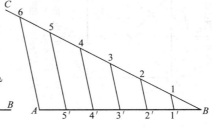

(f)

6等分已知线段AB:
过B点作斜线BC，以适当长度
从B点始在斜线上截取6
等分，得1～6点，连A、6两点，
分别过5、4、3、2、1
点作平行于A6的平行线交于
AB直线得5′、4′、3′、
2′、1′点为6等分
AB线段的等分点

图 2-1　垂直线、平行线、等分线段的画法

圆内接正五边形

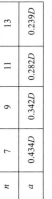

作MO的中点N，以N点为圆心，NA为半径作弧，交于水平直径得H点。以AH的长度为边长，即可作出圆内接正五边形

利用直径与边长的关系作内接正多边形

n	7	9	11	13
a	0.434D	0.342D	0.282D	0.239D
n	14	15	17	18
a	0.223D	0.208D	0.184D	0.174D

D—直径；n—边数；a—边长近似值

圆内接正四边形

分别作已知圆心角MOP和PON的角平分线并延长交于圆周上得A、B、C、D点，连接相邻各点即为圆内接正四边形

圆内接正八边形

圆内接正三边形

以直径端点M为圆心，已知R为半径作弧交于圆周得B、C两点，连A、B、C各点为圆内接正三边形

圆内接正六边形

分别以直径两端点M、N为圆心，R为半径作弧交于圆A、B、C、D，连接相邻各点为圆内接正六边形

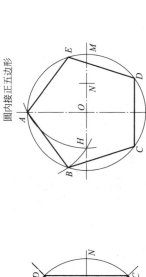

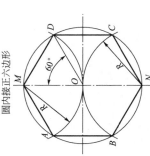

在圆内接正方形里，依次将直径MN、PQ的端点和正方形的各顶点连接，即为圆内接正八边形

(a) 已知圆半径为R作圆内接正多边形

圆弧连接两条相交成钝角的直线

圆弧连接两条相交成锐角的直线

圆弧连接两条相互垂直的直线

(1)以直角顶点为圆心，R为半径作弧交于A，B点
(2)分别以A、B为圆心，R为半径作弧交于O点
(3)以O为圆心，R为半径作弧A、B之间作弧，即为所求连接圆

(1)作已知锐角两边距离为R的平行线交于O点
(2)从O点分别向锐角两边作垂线，得垂足A，B即为切点
(3)以O为圆心，R为半径在A和B之间作弧，即为所求连接圆弧

(1)作已知钝角两边距离为R的平行线交于O点
(2)从O点分别向钝角两边作垂线，得垂足A，B即为切点
(3)以O为圆心，R为半径在A和B之间作弧，即为所求连接圆弧

作两圆的外公切线

作两圆的内公切线

O_1到O_2为直径的圆

(1)以两圆心连线O_1O_2为直径，该连线中点为圆心作圆为直径的圆于P，Q
(2)以O为圆心，R_1与R_2之差为半径作圆，交于O_1O_2
(3)分别过O_1，P和O_1，Q作直线于O_1于A和A'
(4)过O_2作O_2B平行于O_1P，O_2B'平行于O_1Q交于B和B'
(5)连接AB和A'B'即为所求外公切线

O_1到O_2为直径的圆

(1)以1/2两圆心连线O_1O_2之长为半径，以该连线中点为圆心作圆
(2)以O为圆心，R_1与R_2之和为半径作圆，交于O_1到O_2为直径的圆于P，Q
(3)分别作O_1P和O_2Q直径线交⊙O于A和A'
(4)作O_1P和O_2Q直线交⊙O_2于B和B'
(5)连接AB和A'B'即为所求内公切线

同心圆法作椭圆

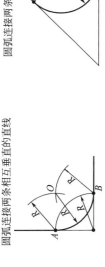

(1)以O为圆心，分别以已知长轴AB、短轴CD为直径作同心圆
(2)24等分圆，过大圆各等分点作长轴AB的垂直平分线，过小圆各等分点作AB水平平行线，交于各对应点
(3)连接各相邻点得所求椭圆

图2-2

四心近似画法

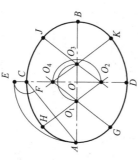

(1)作长轴AB和短轴CD且它们垂直平分相交于O，连接AC
(2)以O为圆心、OA为半径作圆弧与OC延长线交于E点，以C为圆心、CE为半径作圆弧与AC交于F点
(3)作AF的垂直平分线，交于长轴O₁、短轴O₂，再定出其对圆心O的中心对称点O₃和O₄
(4)分别以O₁、O₃为圆心，O₁A为半径作弧，以O₂、O₄为圆心，O₂C为半径作弧，即得一个近似椭圆画法（画圆前应先找出连接点G、H、J、K）

圆弧连接已知圆和直线

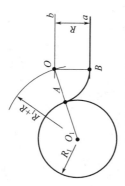

(1)以O₁为圆心，R₁与R之和为半径作辅助圆弧
(2)作直线与平行于已知直线a，且b与a的距离为R，与圆弧交于O点
(3)作O₁到O的连线得A点，过O作直线b的垂直线交于B点，A和B为连接圆弧的切点
(4)以O为圆心，R为半径作圆弧，与已知圆和直线连接，即为所求的连接圆弧

(b)直线与圆弧的连接及椭圆画法

图2-2 几何作图

一个系数求多边形边长的近似值（见表）。图 2-2(b) 是直线与圆弧的连接和椭圆的画法，直线与圆弧连接及圆弧与圆弧连接时应求出连接点及连接圆弧的圆心位置。用同心圆作椭圆主要是等分圆周及找对应点；四心近似椭圆画法作图要准确，每一步求的点关系到下一步点的准确性。

2.2 划线操作要点

划线操作要点有：材料的合理利用；尺寸和线条的准确性；操作的规范性。

(1) 排料、拼料、套料

按原材料情况，下条料时先排长后排短；下板料时应先排大后排小。除定尺原材料外，条料及长料加较长料加短料排完一根原材料；板料以大的长宽与中的长宽或小的长宽搭配排完一张原材料。搭配条件应灵活，本着质量高、节约、省力进行操作。但是有的零件设计或工艺要求零件下料时应"弯曲方向垂直于轧制方向"或"弯曲方向垂直于纤维方向"，无论条料和板料都要首先遵照这一条。拼料时尽可能减少接缝且最小的一块的大小应符合有关标准要求，但环形零件的接缝数量一般应大于三，如图 2-3 的综合分析。套料是对空心零件而言，板材套料易于实现，其它型材的套料，除有先进设备外，应综合分析可能性，图 2-3(c) 可供参考。图 2-4 是筋板的排板图。

(2) 划规、样冲的使用

划规、样冲、板尺、小锤是划线必备工具。划规卡脚应尖利、松紧适度，在板尺上量取尺寸时要反复核对尺寸的准确性。合理使用、规范操作可延长工具使用寿命，参考图2-5。

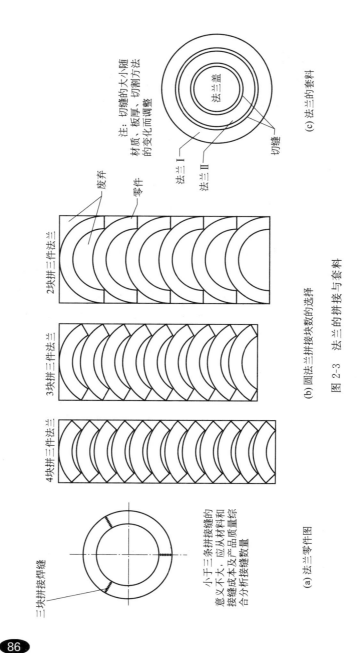

注：切缝的大小随材质、板厚、切割方法的变化而调整

(c) 法兰的套料

法兰Ⅰ

法兰Ⅱ

切缝

法兰盖

废弃

零件

2块拼三件法兰

3块拼三件法兰

4块拼三件法兰

(b) 圆法兰拼接块数的选择

图 2-3　法兰的拼接与套料

三块拼接焊缝

小于三条拼接接缝的意义不大，应从材料和接缝成本及产品质量综合分析接缝数量

(a) 法兰零件图

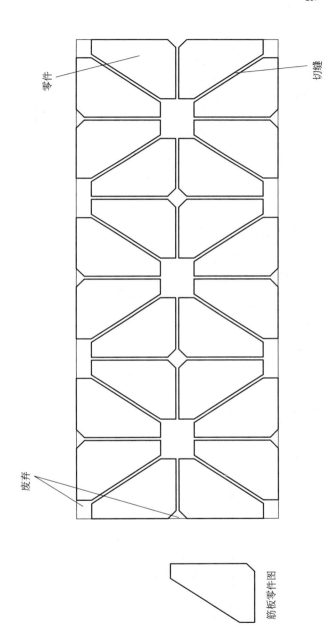

图 2-4 筋板下料排板图

零件

切缝

废弃

筋板零件图

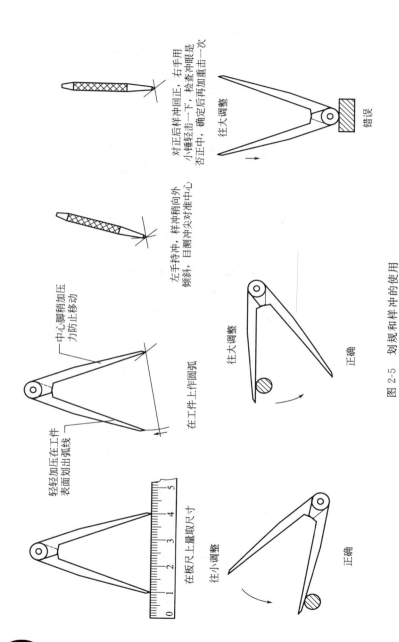

对正后样冲回正，右手用
小锤轻击一下，检查冲眼是
否正中，确定后再加重击一次

往大调整

错误

左手持冲、样冲稍向外
倾斜，目测冲尖对准中心

中心脚稍加压力防止移动

在工件上作圆弧

往大调整

正确

轻轻加压在工件
表面划出弧线

在板尺上量取尺寸

往小调整

正确

图 2-5　划规和样冲的使用

2.3 筒节的划线下料

（1）基本要求

按工艺、筒体零件图、总图、管口方位图等编制"排板图"，要求如下。

① 最短长度及相邻焊缝：单个筒节长度不得小于 300mm，相邻两筒节的纵缝距离应大于 3 倍板厚，并且不小于 100mm。

② 接管焊缝与筒体焊缝：所有接管的开孔都尽可能不布置在焊缝上，所有补强圈都尽可能不覆盖焊缝。

③ 卧式容器的纵焊缝：卧式容器的纵焊缝应位于壳体下部 140°范围之外，支座垫板尽可能不覆盖焊缝，如图 2-6。

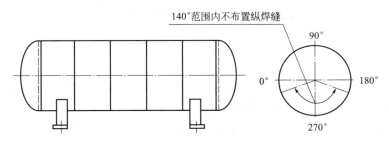

图 2-6 卧式容器纵焊缝的布置

（2）展开计算前应思考的问题

① 中型层的确定：筒节圆周展开料长度

$$L = \pi D_{中}$$

$$D_{中} = D_{外} - \delta \quad 或 \quad D_{内} + \delta$$

式中 $D_{中}$——筒节中径；

　　　$D_{外}$——筒节外径；

　　　$D_{内}$——筒节内径；

　　　δ——筒节厚度。

一般把 $D_{中}$ 叫做中型层，也就是说板料在弯曲过程中，中型层在不伸长也不缩短的那个层面上。如图 2-7 所示。一般情况下把中径确定在 1/2 板厚处，被弯曲板厚与弯曲半径的比值较大的情况下，也就是说小直径大壁厚筒节的情况下，中型层就会往被弯曲板料的内侧移动，假如这时还按中型层在 1/2 板厚处计算，卷制的筒节直径会比计算的大，中型层移动多少？主要是工厂自己在实验过程中得出的实验数据。一般情况下都把中型层定在 1/2 板厚处。

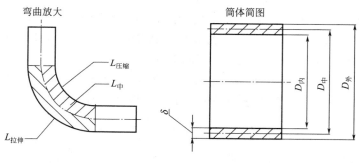

图 2-7　中型层的确定

② 坡口型式对筒节直径的影响：如图 2-8，用 $\pi D_{中}$ 计算出来的展开长，纵焊缝采用什么样的坡口型式卷制出来的筒节 $D_{中}$ 最接近理想尺寸呢？从图 2-8 中我们可以看出等长度的展开长，采用的坡口型式不同，卷出来的筒节直径也各不相同，这一例子对我们有一定启发。

③ 焊缝收缩量的估算：由于焊接应力会引起焊缝的纵向收缩和横向收缩，焊缝收缩会带来工件变形和尺寸的变化，这里我们只讨论焊缝横向收缩量带来尺寸变化给制造精度造成的影响。焊缝的横向收缩量跟工件厚度、坡口型式、焊件材质、焊接方法等因素有关。图 2-9 中列出了三种坡口型式的焊缝横向收缩量的试验方法。选择常规产品中组对好的典型焊缝坡口处划出"焊前标距"、测量出 L_1 作好记录，焊接完后测量出"焊后标距" L_2 作好记录，根据焊件厚度，也可以分若干次测量焊后标距，作好

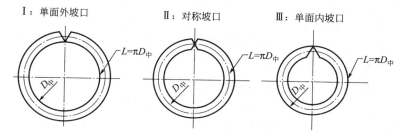

假设卷制前三个筒节的展开料的长度相等（$L=\pi D_{中}$），所开的焊缝坡口各不相同，卷成后三个筒节的直径误差较大：Ⅰ＞Ⅱ＞Ⅲ，其中Ⅱ最接近理想尺寸，因为它开坡口"接触"处在计算的中型层上，Ⅰ内壁的圆周长是计算的中型层长度，因此Ⅰ比理想尺寸Ⅱ大，Ⅲ的外壁圆周长是计算的中型层长度，比理想尺寸Ⅱ小。因此，以计算展开长的那个层面为基准决定坡口，才能确保筒节直径的准确性。从焊缝质量、焊接变形、熔敷金属的多少看，Ⅱ的坡口型式都要优于其它两种型式

图 2-8　坡口型式对筒节直径的影响

Ⅰ		Ⅱ		Ⅲ	
L_1	L_2	L_1	L_2	L_1	L_2

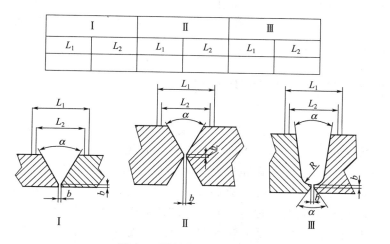

图 2-9　焊缝收缩量的试验

L_1—焊前标距；L_2—焊后标距

记录。例如厚壁焊缝在第一次探伤后，测量的"焊后标距"是整个焊缝收缩量的 50% 以上。选择几种不同的典型坡口型式，按照材质、规格、焊接方法等具体型式分类得出几组数据，通过类比法就可以计算出在什么条件下一条焊缝的收缩量。

（3）筒节圆周展开料长制造误差

制造的产品性能不同，对筒体圆周长的制造误差要求也不同。整体多层包扎容器内筒的圆周长允许误差标准规定应小于或等于 $3‰D_i$（D_i—内筒内径）且不大于 3mm，同一筒体的数个筒节的圆周长，相互之间允差不大于 3mm；钢制压力容器，钢制换热器，根据设备各自性能的不同，要求也有宽有严。筒节圆周展开料长制造误差包括：周长误差；对角线误差；轴向长度误差。其中控制好同一筒体的数个筒节圆周长误差和对角线误差，是控制筒体几何精度的主要环节。注意问题是：

① 圆周长拼缝：圆周长如有拼缝时，最好焊接后再定周长或准确估算拼缝收缩量。

② 划线环节：刨边机加工坡口或是气割加工坡口，划线是基准。周向长与轴向长确定后应检查对角线误差，建议对角线误差应不大于圆周长误差。

2.4　正圆锥的划线下料

作圆锥展开图时，大、小两端都以中径为展开尺寸（图中未作板厚处理，下同）。下面介绍三种各有优劣的展开方法：计算法（图 2-10）最准确和快捷；简便展开法图 2-11 中 R 是由作图获得，$\pi D/12$ 应由计算得出，这种方法适应性强，应用较广，但当 R 值太大时，画的展开图准确性差；三角形分割法如图 2-12，作图相对以上两种方法繁杂，要求作图更加精细才能画出准确的展开图，但是对于锥角较小的圆锥展开是必选方法。

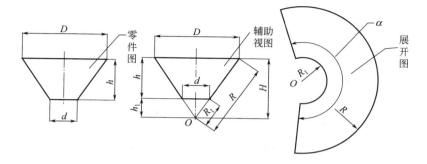

图 2-10　计算法展开正圆锥

圆锥展开计算公式：$H=\dfrac{D}{D-d}h$，$R=\sqrt{H^2+(D/2)^2}$，

$$R_1=R-\sqrt{[(D-d)/2]^2+h^2}，\quad \alpha=180°\dfrac{D}{R}$$

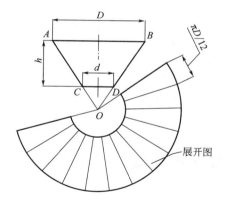

延长圆锥两斜边交于 O 点，以 O 为圆心，OB 为半径作弧长大于 πD，再以 O 为圆心，OD 为半径作弧。计算出 $\pi D/12$ 之长，切取 12 段，$\pi D/12$ 即为大端 πD 之弧长。分别连接 O 至 πD 两端点得圆锥展开扇形

图 2-11　简便展开法

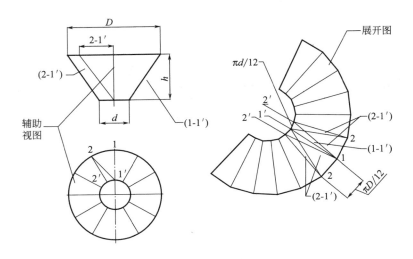

找实长线：12 等分平面图圆周得 1、1'、2、2'。以 2-1'之长在立面图上作为一个直角边，立面图高为另一个直角边，得三角形的斜边（2-1'）

作展开图：作直线等于立面图斜边长（1-1'）得 1、1'点，以 $\pi D/12$ 为半径，1 点为圆心作弧，再以 $\pi d/12$ 为半径，1'点为圆心作弧，再以（2-1'）为半径，分别以 1、1'为圆心作弧交于对称两 2、2'点。连接 1、1'、2、2'点构成对称的两个小梯形，重复以上操作，作出 12 个小梯形构成整个展开图

图 2-12　三角形分割法

2.5　斜圆锥展开划线

圆锥的上、下两底不平行，而两斜边延长线交点在圆锥轴线上的圆锥称为斜圆锥，均可以采用图 2-13、图 2-14 的方法画出展开图。反之，两斜边延长线的交点不在圆锥轴线上的，不论两底平行与否，都不是圆锥，称为不规则旋转体，不能用本方法作展开图。图 2-14 锥形弯头，把斜圆锥管Ⅱ变换方向后利用图2-13斜圆锥展开原理展开锥形弯管的方法更简便。

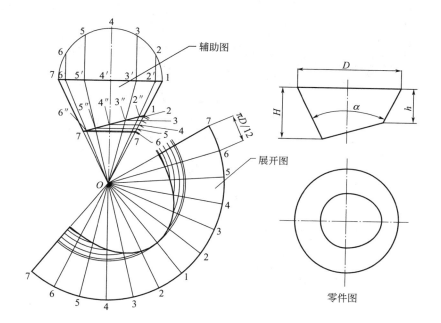

延长两斜边交于锥体轴线得 O，作大端 1/2 平面图并 6 等分圆弧，过各等分点引锥体轴线的平行线交于平面图中心线 1-7 上，得 $2'$、$3'$、$4'$、$5'$、$6'$ 各交点，连接 O 点与各交点的连线相交于锥体下底得 $2''$、$3''$、$4''$、$5''$、$6''$ 点，再过下底上各交点作平行于锥体上底的平行线相交于锥体斜边上得 1、2、3、4、5、6、7 各点。以 O 点为圆心，O-1 之长为半径作弧等于 πD，并以 $\frac{\pi D}{12}$ 之长等分 πD 弧得对称 1、2、3、4、5、6、7 点，由 O 点向各点引连线得 12 个小扇形。以 O 点为圆心，分别以 O 到斜边上 1、2、3、4、5、6、7 各交点之长为半径作弧，交于扇形各对应连线上得圆锥小端各对应点，连接各点即为斜圆锥展开图

图 2-13　斜圆锥的展开

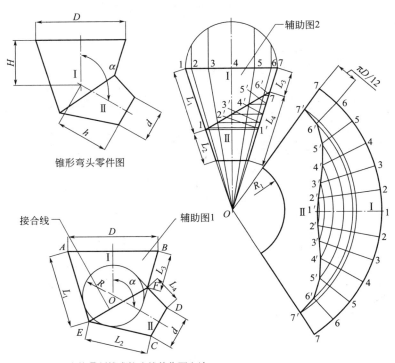

锥形弯头零件图

变换Ⅱ斜锥求接合线的作图方法

锥形弯头零件图是由Ⅰ、Ⅱ两个斜圆锥组成，它们有一个共同的边，把斜圆锥Ⅱ变换方向后整个锥体成了正圆锥，对接缝处按斜圆锥展开的方法展开。变换斜锥Ⅱ方向方法是：用已知尺寸 D、d、H、h、α 和 R（$R=\dfrac{D+d}{4}$）求出 L_1、L_2、L_3、L_4 和接合线（相贯线），求出 α 角顶点 O 后，以 O 为圆心，R 为半径作圆，过 D 和 d 的各端点 A、B、C、D 作圆的切线得Ⅰ、Ⅱ圆锥组成弯头立面图的交点 E 和 F，连接 EF 两点得接合线（相贯线），连接 AE、EC、BF、FD 得 L_1、L_2、L_3、L_4，如"辅助图1"。用所求尺寸作"辅助图2"，再按斜圆锥展开方法作展开图

图 2-14　锥形弯头的展开

2.6 直角圆锥展开划线

图 2-15 的零件图所示直角锥形有别于图 2-13 的斜圆锥，展开方法如图 2-15。

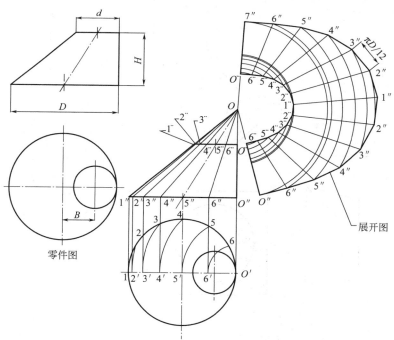

作辅助图：延长立面图斜边与直角边交于 O 点，12 等分平面图圆周得 1、2、3、4、5、6、$0'$ 点，以 O' 点为圆心，圆周上各等分点到 O' 的距离为半径作弧交于平面图中心线上得 2'、3'、4'、5'、6' 点，过以上各点向上引垂直线交于圆锥下底得 1″、2″、3″、4″、5″、6″O' 点，过上述各点引 O 点连线，对应得 1‴、2‴、3‴、4‴、5‴、6‴、$O‴$ 点

作展开图：过 O 点作直线，以 O 为圆心，O 到立面图 1′ 的距离为半径作弧交于直线得展开图上 1″ 点，再以 1″ 点为圆心，大端 $\dfrac{\pi D}{12}$ 为半径对称作弧，以 O 为圆心，O 到立面图 2″ 的距离为半径作弧交于展开图上对称两 2″ 点，继续上述操作求出大端 3″、4″、5″、6″、$O′$ 点，分别画展开图上各点的 O 点的连线。以 O 点为圆心，O 到立面图 1‴ 的距离为半径作弧交于展开图上 1‴ 点，再以 O 为圆心，O 到 2‴ 的距离为半径作弧交于对称两 2‴ 点，继续上述操作求出小端 3‴、4‴、5‴、6‴、$O‴$。连接相邻点的连线，展开图画成

图 2-15 直角圆锥展开图

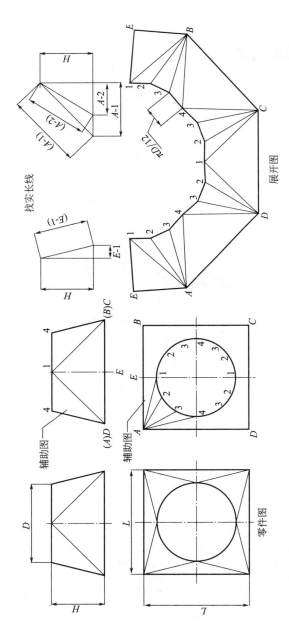

作辅助线：12等分平面图圆周，得1、2、3、4点，连接A-1、A-2、A-3、A-4、E-1各点。

找实长线：作与立面图等高的垂直线为三角形的一条直角边，E-1的距离为另一条直角边，得斜边(E-1)，用同样方法划出另外两个三角形得(A-1)、(A-2)。

作展开图：分别以D、C为圆心，以(A-1)为半径，分别以直线端点D、C为圆心，以1点为半径作弧交于1点，再以 $\frac{\pi D}{12}$ 之长为半径作弧，分别以对称两点2，以(A-2)为半径，分别以D、C点为圆心，再以 $\frac{\pi D}{12}$ 之长为半径，分别以对称于的两个4点、分别以(A-1)为半径。

作弧交于3点，再分别以3点为圆心作弧，再以 $\frac{\pi D}{12}$ 之长为半径作弧，分别以D、C点为圆心作弧交于A、B点，以上述方法划出圆端其余各点。以(E-1)之长为半径，分别以各、4为圆心作弧，再分别以AD、CB之长为半径，D、C点为圆心作弧交于E点，连接各对应点，展开下方展开1点为圆心作弧，再以 $\frac{\pi D}{12}$ 之长为半径，再以AE、BE之长为半径，以A、B点为圆心作弧，展开图画成(a) 上图下方展开

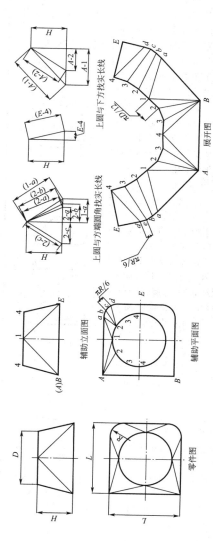

作辅助线：12 等分平面图大圆周，得 1、2、3、4 点，连接 A-1、A-2 线（对称略）

找大圆与方端面的实长线：作立面图等高的直线为一条查直角边，1a 为另一条直线为高的实长线，以大圆与方端面的实长线为 AB 的实长线

作展开图：作长度为 AB 的实长线，分别以 A 为半径、以 $\frac{\pi D}{12}$ 之长为半径，再以 $\frac{\pi D}{12}$ 之长为半径，分别以对称两点 3 为圆心作弧，再以对称两点的各个点 1 点、以 $\frac{\pi D}{12}$ 之长为半径，分别以 A、B 点为圆心作弧，再以对称两点对称两点 3，分别以对称弧交于对称两个点，两之长为半径、以 $\frac{\pi D}{12}$ 之长为半径，分别以 A、B 点为圆心作弧，再以 $\frac{\pi D}{12}$ 为半径分别作弧，以两点 2 点为圆心作弧，两长为半径、以 $\frac{\pi D}{12}$ 为半径分别作弧，再以 $\frac{\pi D}{12}$ 为半径分别作弧，以两点 c 点，以大圆作弧交于两 b 点，再以 $\frac{\pi D}{12}$ 为半径作弧交于对称 E 点。

作弧分别交于对称两点 3，以 $\frac{\pi D}{12}$ 为半径、以 $\frac{\pi R}{6}$ 之长为半径，分别以 A、B 点为圆心作弧，以 $\frac{\pi D}{12}$ 为半径，分别以 A、B 点为圆心作弧，再以 $\frac{\pi D}{12}$ 为半径分别作弧，以两点 d 点为圆心，再以大圆作弧交于对称 E 点，作相邻两点连线，展开图画成

图 2-16　方圆过渡段的展开

（b）有圆角的上圆下方展开

弧分别交于对称两点 3，以 $\frac{\pi D}{12}$ 之长为半径、以 $\frac{\pi R}{6}$ 之长为半径，分别以 A、B 点为圆心作弧，以 $\frac{\pi D}{12}$ 之长为半径，分别以 A、B 点为圆心作弧，再以 $\frac{\pi D}{12}$ 为半径分别作弧，以两点 a 点为圆心，再以大圆作弧交于对称 E 点，展开图画成

边（A-1）、（A-2）（对称略）

找大圆与方端圆角找实长线

作展开图：12 等分平面图大圆周；6 等分方端圆角 180°弧线得（对称略）；得直线为高的斜边，得距离为另一条直角边，E-4 线求出另外两三角形得斜边，用同样方法求出（2-a）、（2-b）、（2-c）（对称略）

连接 1-a、2-a、2-b、2-c、E-4 线（对称略）

图形 I (已有实例)	图形 II (未有实例)	展开方法区别	图形 III (未有实例)
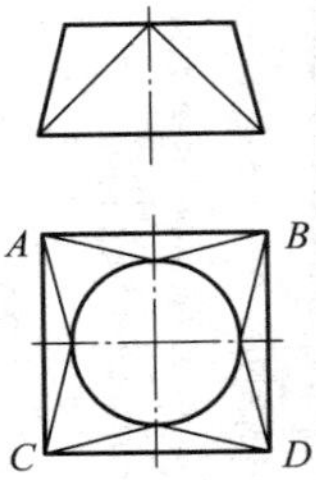	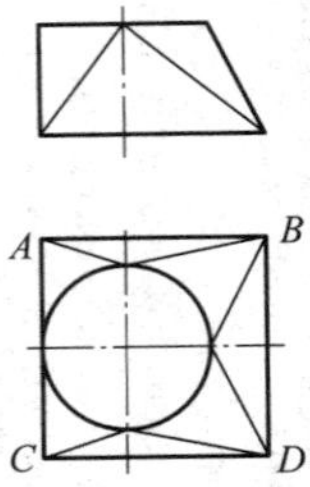	展开原理相同,图形 I 为纵横轴线对称图形,只求 1/4 实长线,图形 II 为横轴线对称图形,求 1/2 实长线,因此图形 I 比图形 II 多求一倍线条。图形 III 与图形 II 展开方法完全相同,只是实长线随圆的位置变化而变化	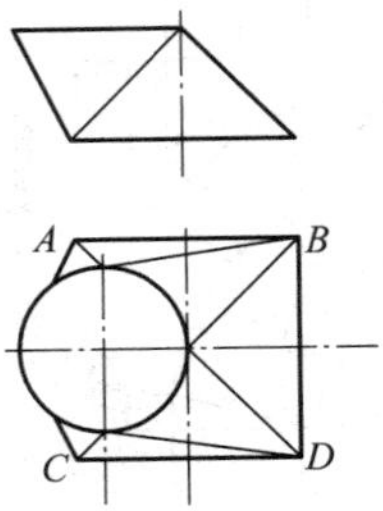
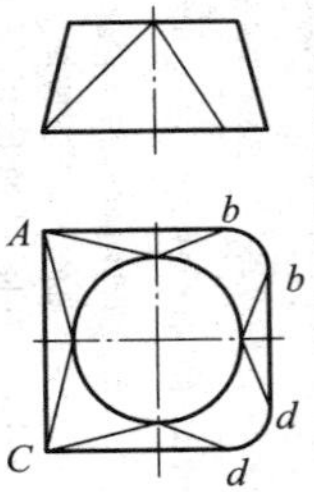	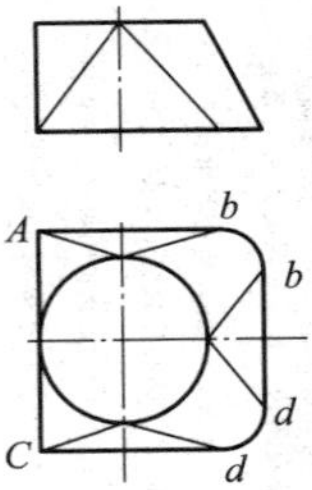	图形 I 与图形 II 展开方法完全相同,只是因圆的位置变动所求实长线随之变动。图形 III 与图形 II 展开方法完全相同,只是实长线随圆的位置变化而变化	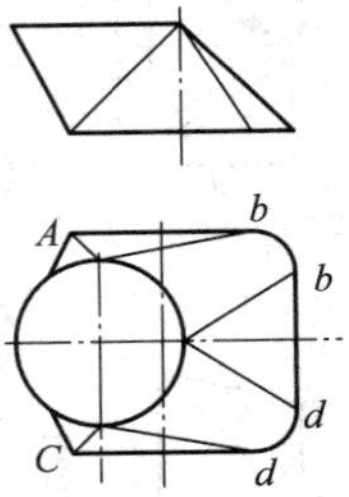
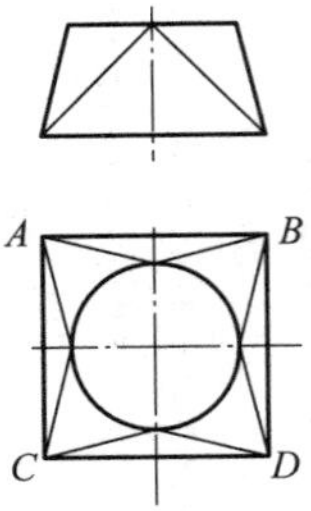	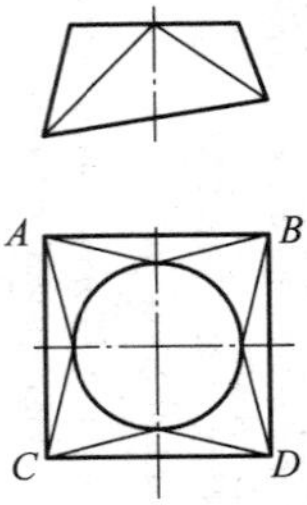	展开原理相同,图形 I 为纵横轴线对称图形,只求 1/4 实长线,图形 II 为横轴线对称图形,求 1/2 实长线,因此图形 I 比图形 II 多求一倍线条。图形 III 与图形 II 展开方法完全相同,只是实长线随圆的位置变化而变化	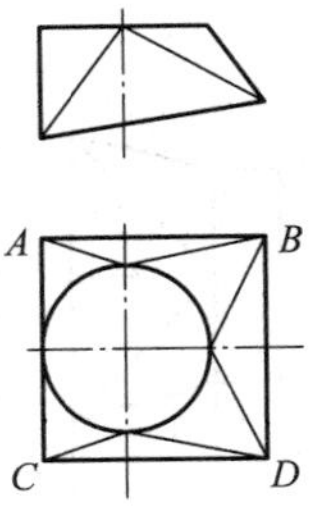

图 2-17 方圆过渡段的变化

2.7　方圆过渡段的展开划线

如图 2-16。方圆过渡段是用三角形分割法来求实长线。首先弄清平面图圆周等分点分别和某角之长与对应的立面图高所组成的直角三角形；平面图方端有圆角的等分点和圆端圆周等分点的对应关系之长与对应的立面图高所组成的直角三角形，以及每组三角形之间它们的相连关系；方的一端与圆端倾斜的图形，立面图上高与平面图圆周等分点分别和某角之长的对应关系（如图 2-17），进一步确定整个图形的对称性和应有的直角三角形的组数。

2.8　渐缩管弯头的展开

如图 2-18(a) 中渐缩管弯头零件图所示，两个相接锥管接合处是一个直径为 d_2 的圆，把管 I 上端口改变成水平方向后与前述方圆过渡段三角形分割法的展开基本相同，图 2-18(a) 为画辅助图求实长线，图 2-18(b) 为展开图画法。

2.9　圆管端部展开

图 2-19 圆管一端为斜角、V 形、弧形的圆管展开（均未作板厚处理）。三个不同端部圆管的展开是后面多节弯管和开孔接管展开的基础。

2.10　两节圆管弯头展开

图 2-20 中 90°两节圆管弯头展开的方法与图 2-19 斜圆管展开完全一样，只是它们的斜角是 45°和 60°之别，用图 2-19 中的

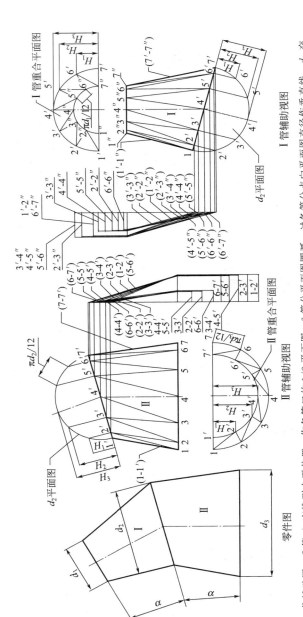

作辅助图：I管 d_1 变换到水平位置，作各管口的 1/2 平面图，d_2 平面图的重合平面图，I管重合平面图；d_3 平面图。作辅助线得：I管为 $1'$、$2'$、$3'$、$4'$、$5'$、$6'$、$7'$点；II管为 $1'$、2、3、$4'$、$5'$、$6'$、$7'$点，交于 1、2、3、4、5、6、7点。作辅助图，过各等分点向平面图直径作垂直线，d_1 交于 $1''$、$2''$、$3''$、$4''$、$5''$、$6''$、$7''$点；d_2 交于 1、2、3、4、5、6、7点。用 d_2 平面图的重合平面图，过等分点作平面图圆弧，d_3 交于 1、2、3、4、5、6、7点。以立面图各对应高度为三角形的一条直角边，以上所求的距离为另一条直角边为三角形的另一条直角边，H_1、H_2、H_3 作 I管，I管为 $1'-2'$、$2'-3'$、$3'-3''$、$4'-4''$、$5'-5''$、$6'-6''$、$6'-7'$，I管斜边求斜边，(1-2')、(2-2)、(2-3')、(3-3)、(3-4')、(4-4')、I管为 $1'-2''$、$2'-2''$、$2'-3''$、$3'-3''$、$3'-4''$、$4'-4''$、$4'-5''$、$5'-5''$、$5'-6''$、$6'-6''$、$6'-7''$。以立面图各对应高度为三角形的一条直角边，I管三角形斜边 $(1'-1'')$、$(2'-2'')$、$(3'-3'')$、(4'-4')、(4'-5'')、(5'-5'')、(5'-6'')、(6'-6'')、(6'-7'')，I管三角形斜边 I管三角图上 $(1'-1'')$ 为所求实长线；I管三角形斜边 $(1'-1'')$ 为所求实长线，$(7'-7'')$ 反立面图上 $(7'-7'')$ 为所求实长线

(a) 渐缩管辅助视图

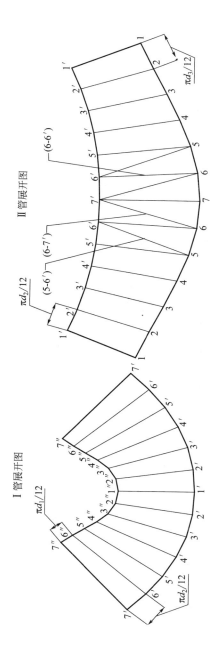

I 管展开图

II 管展开图

Ⅱ管展开：作线段长等于（7-7'），以线段端点 7'为圆心，πd₂/12 为半径作弧交于两点对称于（7-7'），以（6-7'）为圆心，分别以两 6 点为半径作弧，πd₃/12 为半径分别作弧，以两 6 点为圆心，再分别以两 5 点为半径分别作弧，πd₃/12 为半径对称两 5'点。以两分别以两 5 点为圆心，再分别以两 4 点为半径分别作弧，以两 4'点为半径对称两 4'点。再分别以两 4'点为圆心，分别以两 4 点为半径分别作弧，πd₂/12 为半径对称两 3 点。以两 3 点为圆心，分别以两 3'点为半径分别作弧，πd₃/12 为半径分别作弧得两 2 点。分别以两 2'点为圆心，πd₂/12 为半径分别作弧得两 2'点，分别以两 2'点为圆心，πd₂/12 为半径分别作弧得对称两 1'点。连接相邻点，展开图画成。

以线段端点 7'为圆心，πd₂/12 为半径作弧，再以 7'为圆心，πd₃/12 为半径作弧，以端点 7 为圆心，以半径作弧，分别以两 6'点为圆心，πd₃/12 为半径作弧得对称两 6'点。以对称两 6'点为圆心，πd₃/12 为半径分别作弧，分别以两 5'点为圆心，再以半径作弧得对称两 5'点。以两分别以两 5'点为圆心，πd²/12 为半径对称两 4'点。再以两 4'点为半径分别作弧得对称两 4 点，πd₃/12 为半径分别作弧得两 3'点。以两 3'点为圆心，分别以两 2'点为半径分别作弧，以（3-3'）为圆心，πd₂/12 为半径分别作弧，再分别以两 1 点为圆心，πd₂/12 为半径分别作弧得两 1'点，（1-1'）为圆心，再分别以两 1 点为圆心，πd₂/12 为半径分别作弧得对称两 2 点。（2-3'）为圆心，分别以两 1 点为圆心，πd₂/12 为半径分别作弧得两 1 点，以相同的方法作 I 管展开图。展开图画成。

（b）展开图画法

图 2-18 渐缩管弯头展开画法

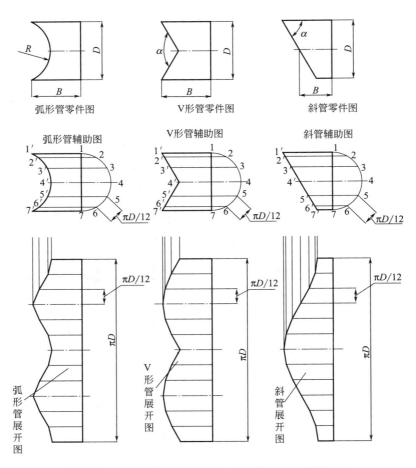

辅助图：12 等分圆周得各等分点，过各等分点作主视图中心
线的平行线，得主视图上 1′、2′、3′、4′、5′、6′、7′各交点
作展开图：作主视图一端的延长线段等于 πD，12 等分该线
段，过各等分点作主视图中心线的平行线，过辅助图上 1′、
2′、3′、4′、5′、6′、7′各点作主视图中心线的垂直线交于展
开图上各对应点，将相邻点连接成曲线，展开图完成

图 2-19　圆管展开图

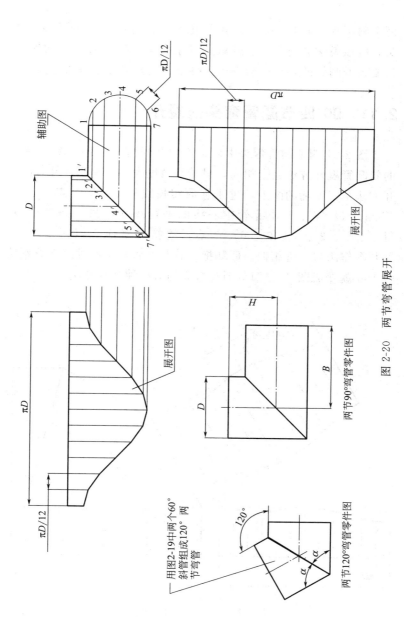

图 2-20 两节弯管展开

两个斜圆管（斜角 60°）就会组成图 2-20 中的 120°两节圆管弯头，应该说学会斜圆管展开就已经学会了两节圆管弯头的展开，只要改变圆管的斜角就会得出各种不同夹角的两节圆管弯头。

2.11 90°四节圆管弯头的展开

图 2-21 四节圆管弯头中，Ⅰ管的展开与图 2-19、图 2-20 中的斜圆管展开方法完全相同，只是斜角度大小的差别。Ⅱ管的展开方法是：在辅助图上，过Ⅰ管的实长线与接合线交点 1′、2′、3′、4′、5′、6′、7′作Ⅱ管中心线的平行线交于另一条接合线，得 1′、2′、3′、4′、5′、6′、7′点，连接各对应交点得实长线，展开图作法与Ⅰ管相似。假如把Ⅰ管与Ⅱ管从中心轴线上分别旋转 180°就变成图 2-22 四节圆管弯头的另一种展开方法。

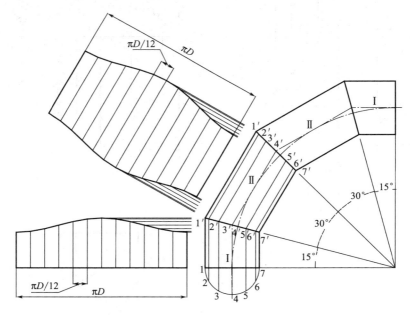

图 2-21 四节 90°弯管展开

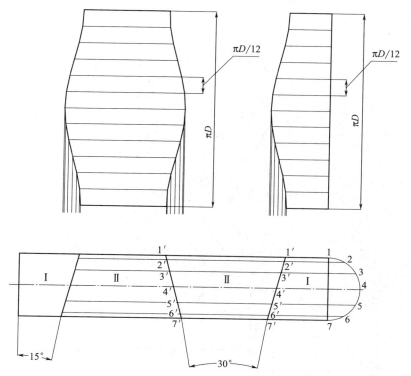

图 2-22 四节 90°弯管的另一种展开方法

2. 12 S 形三节弯管展开

如图 2-23。S 形圆管的上、下管口如俯视图，计算或作图求出 L 的实际长度后，把 Ⅱ 管放在平面上展开。作图方法求 Ⅱ 管中心线实长：以主视图上 h 为一条直角边，俯视图上 O-O 之间的距离为另一条直角边作三角形得斜边 L。作辅助视图时 L 为 Ⅱ 管中心线实长，辅助视图总高为零件图主视图高 H，展开方法与前述相同。

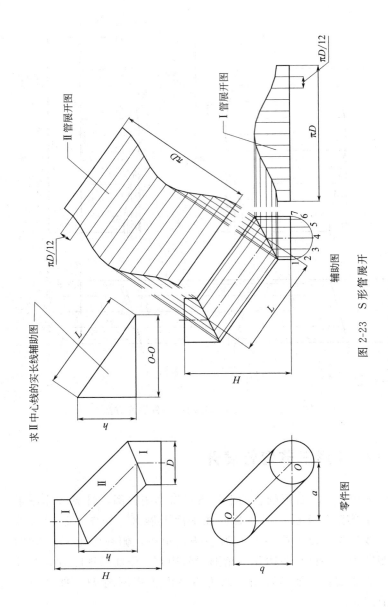

图 2-23　S 形管展开

2.13 两端错开 90°弯管展开

图 2-24 管道进出口相互错开 90°，Ⅲ号管的上、下端分别由 1 件Ⅰ号管、2 件Ⅱ号管组成的 75°弯头连接而成，只要找出Ⅲ号管与上、下 75°弯头的连接的方位，展开Ⅲ号管时确定上、下弯头中心线位置就解决了本管道的主要问题。Ⅰ号管、Ⅱ号管的展开如前所述。

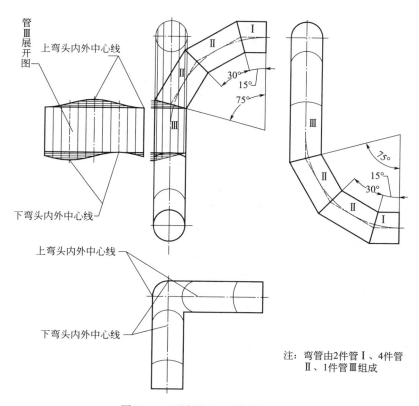

注：弯管由2件管Ⅰ、4件管 Ⅱ、1件管Ⅲ组成

图 2-24 两端错开 90°弯管的展开

2.14 弯管展开时的坡口问题

用成品管制作弯头时展开划线按外径，用平板制作弯头时，按中径展开，普通氧-乙炔手工切割方法切口一般都垂直于板面或管子轴线，因此，组对时都应先配好接口，角度和尺寸符合要求时再倒坡口，否则会产生角度或尺寸误差现象，特别是壁厚较大、直径较小的管子，如图 2-25 所示原理可供读者参考。

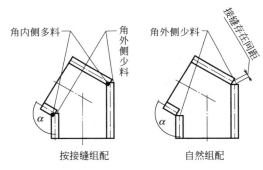

按中径展开，切口与板面垂直(不计加工误差)时，接缝处存在如图示角内侧多料，外侧少料的问题，自然组配时接缝间存在间距且角外侧少料

(a) 按中径展开

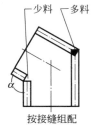

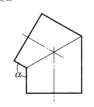

成品管子按外径展开，切口垂直于管子轴线，接缝处内侧角外侧少料，外侧角外侧多料，自然组配时接缝间存在夹角，α 角会变小

(b) 按外径展开

无论何种方法展开，都应先配好接缝再开坡口

(c) 应先配好接缝

图 2-25 接缝切口对组配的影响

2. 15　展开划线应注意的问题

①　为了提高展开图准确性，作辅助线、求实长线尽可能用计算方法求得线段长度，如 πD 或 $\pi D/12$，圆锥两斜边延长等，尽可能用计算数据获得。

②　作图要精细，分析视图和线条之间的关系，点、线、面的位置；特别是三角形分割法中更为重要，作好标记，思路才能清晰，一步错了，以后的线都是错的，要勤于检查，避免无效劳动。

③　划规"卡脚"调整的尺寸要准确，截取线段长度也要勤于检查，尽可能避免累计误差。

④　简单零件展开是复杂零件的起步，前面的正圆锥三角形分割法是后面上圆下方过渡段、带圆角过渡段、渐缩管弯头及以后更复杂零件的基础；圆管端部展开几乎是所有圆管零件展开的基础；最简单的正圆锥射线法（两斜边延长线交于轴线上）是斜圆锥和锥形管弯头展开的基础；要学会变换方向作辅助线或辅助视图求实长线。

2. 16　切割下料

材料的切割下料除了专门的氧-乙炔、等离子切割等工种外，铆工还承担着零碎、细致而技术性较强的下料工作。

剪切下料：直线剪切——龙门剪板机、平行剪板机；曲线剪切——圆盘剪、振动剪；手工剪切或冲裁下料等。

①　直线剪切　图 2-26（a）中是上、下刀口平行的剪床，即剪切过程中，沿钢板宽度同时被剪断，剪切断面为板厚乘以板宽。图 2-26（b）中上、下刀口有一定的夹角，剪切断面明显减少，改善了剪床受力状态，如图 2-26（d）为剪切断面对比。斜

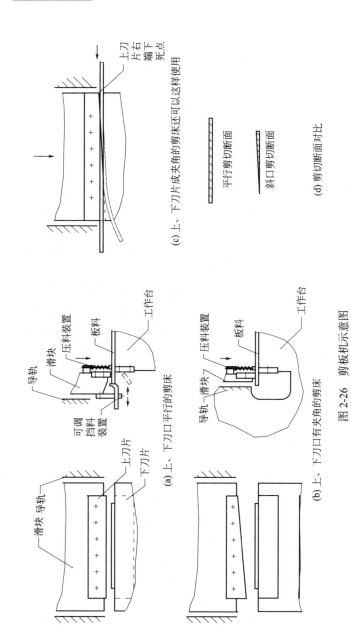

(c) 上、下刀片成夹角的剪床还可以这样使用

平行剪切断面

斜口剪切断面

(d) 剪切断面对比

工作台

压料装置

板料

导轨

滑块

可调挡料装置

上刀片

下刀片

滑块导轨

(a) 上、下刀口平行的剪床

工作台

压料装置

板料

导轨

滑块

(b) 上、下刀口有夹角的剪床

上刀片右端下死点

图 2-26　剪板机示意图

口剪床还可以把上刀架调整到使刀片右端下死点不接触被剪板料，这样就可沿板材宽度方向逐渐进料剪切，剪切宽度扩大到大于刀片长度，如图 2-26(c)。剪板机上、下刀片之间的间隙按剪切材质及厚度调整，例如软钢（低碳钢）为厚度的 8％ 左右；不锈钢为厚度的 10％ 左右。剪板机的挡料装置适合批量大、尺寸不太大的零件，调整好的尺寸，在剪切过程中要随时抽检零件尺寸，发现问题及时调整。划线剪切时，靠目测线与下刀片切口的对正。剪宽度较大的料时，须两人从板料两侧操作才能对正，目测误差难免，加上压料装置和剪切过程中造成的移动，划线剪切下料的精度一般不很稳定。

②　曲线剪切　剪切曲线的设备有滚剪机（见图 2-27）和振动剪（见图 2-28）。这两种设备的剪切厚度都不大。人工操作工件沿曲线的轨迹在滚剪机或振动剪上移动，主要和工件厚度、曲线的曲率及进刀深度有关，工件太厚，进刀必然深，工件"转弯"半径会增大，曲线半径太小，"转弯"自然困难。振动剪与滚剪机刀片间的间隙与剪板机接近。曲线剪切的精度不高，其原因还是刀具与曲线轨迹的吻合。图 2-29 是剪切规则圆时使用的中心定位装置，工件的转动由手工控制。工件不能强行进给，否则会损坏刀具或设备。

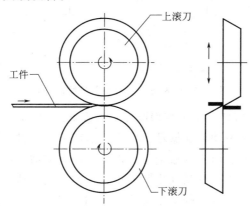

图 2-27　滚剪机示意图

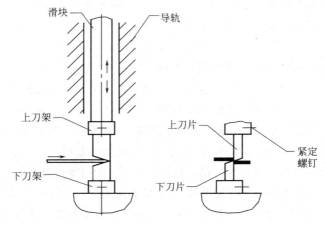

图 2-28　振动剪示意图

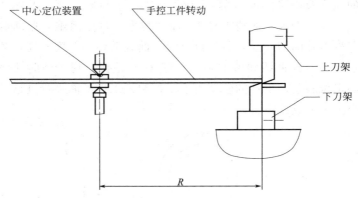

图 2-29　振动剪定中心剪规则圆曲线

③ 手工剪切　手工剪切厚度一般在 2mm 以下，在某些情况下，手剪优于滚动剪和振动剪，主要是剪刀在工件需要的特定场合下的适应性。钳工、钣金工、铆工所用铁皮剪刀应该是按照实际需要自己制作（商品铁皮剪刀也要按实际情况修改）的。手工剪刀材料用汽车废弃弹簧钢板或 T7、T8 钢板制作，淬火方法参照图 1-94 扁铲、尖铲的淬火。图 2-30 手工剪刀可供读者参考。

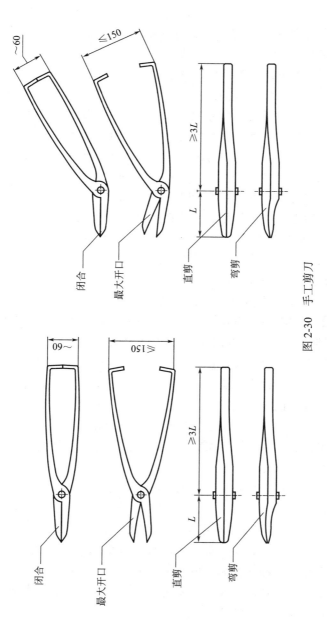

图 2-30 手工剪刀

④ 剁切下料 这是很古老传统的切割方法，必须靠熟练操作技能和默契配合以及好用的工具完成。图 2-31(a) 是小型较薄工件用偏刃扁铲切割下料，大型较厚工件可用图 2-31(c) 刃口与偏刃扁铲相似可安木柄的剁刀下料，图 2-31(b) 为用钢轨经过加工的下刃口。操作中右手操刃具，左手掌握工件，目视工件上的线条和刃具的轨迹是否与想象中的下刃口相吻合，操锤者目视敲击目标，注意力在锤的运动轨迹和操刃具者的示意指挥信号。"上、下手"之间有节奏、和谐、默契配合，切割的曲线一般都会优于滚剪机、振动剪的切割效果，缺点是速度慢、劳动强度大。这种方法用于开孔效果更好。切割厚度一般不超过 4mm。

⑤ 简易冲裁下料 这里介绍的冲裁下料是在有压力机（满足冲裁力）的条件下，由铆工、钳工或钣金工自己设计制作的模具进行小批量冲裁下料。

a. 冲模结构简介。冲裁零件生产批量不能太大，零件材质不能太软或太硬，而且精度要求也不能太高。例如产品零件材料为 20 钢，厚度为 2mm，批量在 100 件以下，凸、凹模材质可与零件相同，凸、凹模厚度用 3～4mm 即可。也可选用凹模比凸模更厚一些的材料。从生产批量和加工难度考虑，批量大的厚一些，批量小的薄一些。例如上述产品零件批量在 300 件以下，凸、凹模材质选用 45 钢，凸模厚度 4mm，凹模厚度 6mm 能满足要求，凸模和凹模的间隙与产品零件的材质、厚度有关，上述零件双边间隙在 13％～18％零件厚度为宜。凸、凹模一般不作热处理，以免裂纹和变形。简易冲模的刚性差，凹模的"模墙"应比正规冲模宽一些。下面介绍两个典型的冲裁模和修边模结构。图 2-32 是由模座上用铆钉分别将凸、凹模牢固连接后，将凸、凹模配在一起，调整好间隙然后用铆钉将凸、凹模座牢固连接在一起。这种结构的冲模在工作过程中，凸模刃口和凹模刃口的对正是由有弹性的模座来完成。特点是对压力机的精度要求不高，制造成本低，适应性强。图 2-33 是端盖修边模。端盖属于

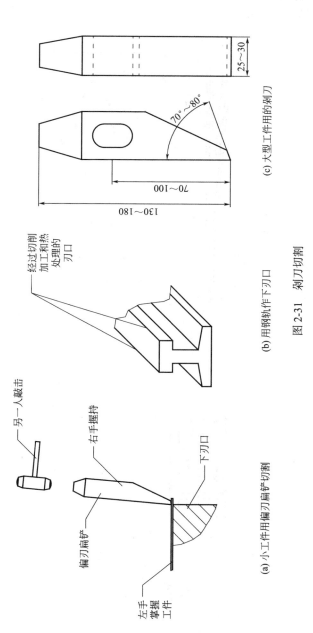

(c) 大型工件用的剁刀

(b) 用钢轨作下刀口

(a) 小工件用偏刃扁铲切割

图2-31 剁刀切割

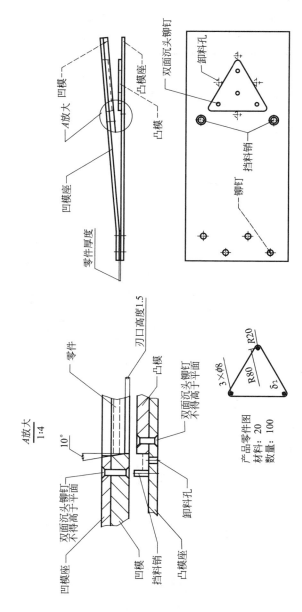

图 2-32 薄板冲模落料或开孔

小批量生产，厚度大，热压成型后采用导柱式简易冲模修边，特点是模具加工条件要求不高，材料全部为 45 钢，制造成本低。模具的上、下对正靠导柱，凸模座与凹模上的导柱孔的加工和导柱装配是关键工序，一般采用凹模、导柱、下模座装配好后再配装凸模。这两种结构的冲模冲制的零件，毛刺和尺寸正偏差有逐渐增大的趋势。相对于剪板、气割及手工下料或切削加工修边有很大的优势。

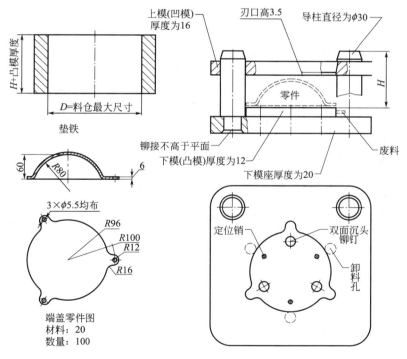

图 2-33　端盖修边模

b. 凸、凹模的配合加工。除必要的金属切削加工外，简单介绍钳工、铆工、钣金工等的操作加工。凸、凹模均以板料制作。热熔切割易引起硬化的材料（45 钢、碳工具钢、合金工具钢等）可按图 2-34 所示方法作凹模腔的毛坯。冲裁和修边零件，零件尺寸为凹模腔尺寸，间隙是减小凸模尺寸；冲孔时凸模尺寸为零尺寸，间隙是扩大凹模腔尺寸。图 2-34 中（a）是布孔和钻孔，（b）是冲去孔间隔掏内腔经锉修成为凹模毛坯。一般是先作好凸模，然后将凹、凸模毛坯经平面磨床磨平面。相配锉修凹模时为便于观测，灯光可从凹腔射入，能较清楚观测到凹模应锉修余量或凸、凹模之间的间隙大小，如图 2-35。

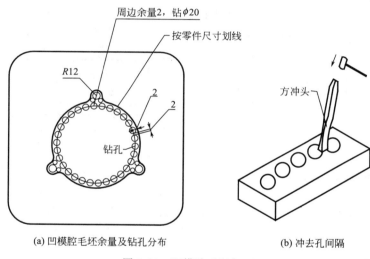

(a) 凹模腔毛坯余量及钻孔分布　　　　　(b) 冲去孔间隔

图 2-34　凹模腔毛坯加工

c. 凸模座、凹模及导柱。下模（凸模）座、上模（凹模）应磨上、下平面，导柱材料用 45 钢退火状态使用，用 25 钢表面渗碳淬火更好，主要是防止使用过程中断裂。导柱与凹模、凸模座的装配首先是钻好孔，如图 2-36(a)，将上模（凹模）和下模（凸模）座重合后，按下模座孔直径配钻，然后扩上模（凹模）孔，但是应避免在扩孔过程中，造成凹模孔与凸模座孔的同轴度偏差增大。下模座孔与导柱应配合紧密，上模孔与导柱的配合可采用先紧密配合，待定位安装好导柱后再用铰刀或研磨加工至动

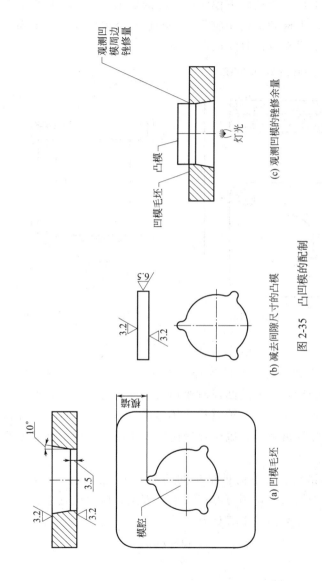

(a) 凹模毛坯

(b) 减去间隙尺寸的凸模

(c) 观测凹模的锉修余量

图 2-35 凸凹模的配制

配合。上模、导柱、下模座组合时的要求：导柱应垂直于上模和下模座；上模和下模座应平行。导柱与下模座连接要牢固；上模在导柱上滑动灵活且无横向移动。

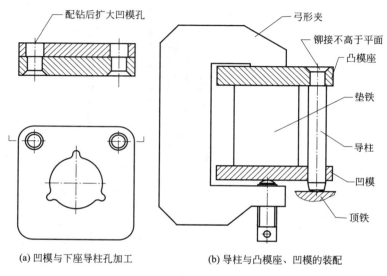

(a) 凹模与下座导柱孔加工   (b) 导柱与凸模座、凹模的装配

图 2-36　导柱的装配

　　d. 凹模、导柱与凸模座的装配。在模架（上模、导柱、下模座装配后）上安放凸模时要均匀调整周边的间隙，然后用弓形夹夹紧后钻铆钉孔，铆钉是连接零件又是定位零件，因此铆钉与孔的间隙尽可能小，确保在铆接过程中凸、凹模的间隙不受到太大影响。

　　e. 试模。无论何种结构的简易冲模，试模前检查凸、凹模间隙是否均匀，切不可有刃口重叠现象；压力机的上、下工作台应平整。冲裁力按下式计算：

$$Q \approx F\sigma_b$$
$$F = L\delta$$

式中　　Q——冲裁力；

F——冲切面积；

L——冲切零件周长；

δ——零件厚度；

σ_b——被冲零件材料的抗拉强度。

冲压进程以能分离零件为宜，防止"过压"使冲模受损。

f. 凸、凹模及导柱制造的其它先进加工方法简介：凸模、凹模腔的加工，除切削加工后钳工锉修外，还可用数控线切割机床配凸、凹模，且间隙能准确达到要求。上模导柱孔、下模座导柱安装孔用坐标镗床加工或数控线切割机床加工都能确保孔的尺寸公差、形状公差和位置公差。

第3章

筒节、锥体成型和纵、环焊缝组对

3.1 筒节卷制和纵向焊缝组对

(1) 筒节板坯的预弯

筒节板坯端头弧形准确性直接影响卷制质量和纵向焊缝的组对质量。预弯方法视板材厚度、筒节直径等因素而异，如图 3-1 所示。预弯曲率尽可能接近筒节的卷制弧度，预弯弧长度一般应大于 160mm。无论用哪一种方法预弯，板料端头都会存在大于

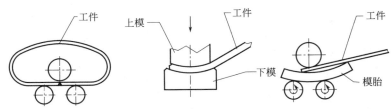

(a) 卷板机预弯
先把直边部分焊接后再卷圆，用于大直径的筒节

(b) 压模预弯
在压力机上用模具压弯，用于厚壁小直径筒节

(c) 卷板机预弯
在卷板上用模胎预弯，用于薄壁小直径筒节

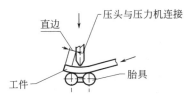

(d) 压力机预弯
展成预弯简便易行，成本低，但是曲率不易控制，有直边

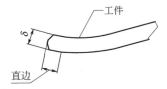

(e) 直边的存在
无法消除的大于一倍材料厚度的直边，但是四辊卷板机不预弯也无直边

图 3-1 常用预弯方法

板料厚度的直边，不过在一般情况下那段直边不会引起筒节纵向焊缝形成的棱角度超标，只有对要求内、外圆进行切削加工的圆筒才有影响。

（2）筒节的卷制和纵向焊缝的组对

① 板坯在卷板机上的对正　筒节不论是冷卷或是热卷，如果产生如图 3-2 中所示的扭曲缺陷，会给纵缝组对造成困难。产生原因是筒节轴线与卷板机辊筒轴线不平行造成的，所以板材端部在卷板机上的对正很重要，特别是板料加热卷对正更加困难，图 3-2 是板料端部对正方法，一般工厂没有四辊卷板机的情况下，用倾斜对正或在三辊卷板机下辊筒轴线上刻"对正槽"对正比较方便。

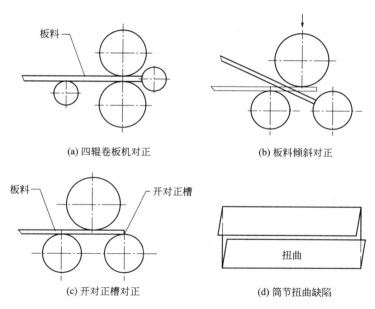

(a) 四辊卷板机对正　　　　　　　(b) 板料倾斜对正

(c) 开对正槽对正　　　　　　　(d) 筒节扭曲缺陷

图 3-2　板料端部的对正

② 卷板过程中的几个问题

a. 进给次数：进给量一般认为以不"打滑"为宜，但是卷板机卷制能力到上限时，最好进给次数多些，减轻卷板机的承载能力，可延长卷板机的使用寿命，同时卷制质量也会更加稳定。

　　b. 热卷制一般是将板坯加热至始锻温度后出炉卷制，由于温度高，材料软化，行车起吊容易变形，准备时间长了也容易氧化，所以卷板机和专用加热炉以及坯料进出炉的运送设备等都应合理布置，要有连续性，这种配套设备是大型专业厂家的专用生产线。一般厂家都用中温卷制。中温卷制时一般材质加温至650℃出炉卷制，但是一些特殊的高强度低合金钢要按照它独特的塑性成型工艺要求加温。热卷制或中温卷制完成后都不能马上取下工件，要继续在卷板机上运转，待其稍微冷却稳定后才能取下，取下后的圆筒可以立置，也可以采用如图3-3所示的方法放置，防止变形。预弯在热卷、中温卷制中也很重要，厚壁小直径筒节的预弯，建议采用图3-1中压力机模具压弯。

图 3-3　热卷卷筒节的合理放置

　　c. 被卷板料端头的预弯曲不到位或预弯曲过度以及在卷制过程中的过弯或卷制曲率不合理都会造成如图3-4所示的内棱角或外棱角，这是常见问题，纵焊缝焊接后太大的棱角矫正时比较困难，上、下辊轴不平行会造成筒节锥形。

　　③ 筒节纵向焊缝的组对　卷制前的预弯曲和卷制中的曲率控制适当，纵焊缝组对就顺利。相反有扭曲、内外棱角、大小头、两端曲率不一致、焊缝边沿板料弯曲等组对时就困难。图3-5是几种常用的组对工夹具，其它还有很多工夹具如压板、螺杆、液压千斤顶、撬棍等以及人们日常劳作时的技巧和小工具都

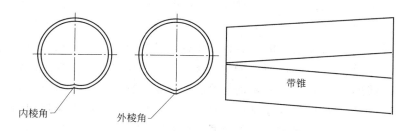

图 3-4　预弯和上、下辊不平行造成的缺陷

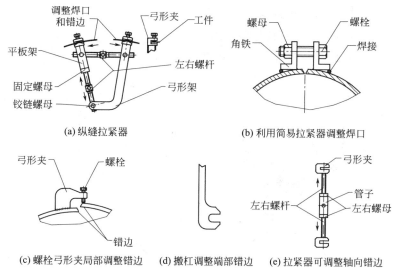

图 3-5　纵焊缝组对工装的应用

能用在组对工作上。有的厚壁或热卷筒节的扭曲用拉紧器无法调整，必要时还要用卷板机和压力机配合才能排除扭曲故障。厚壁或高强度低合金钢的搭板和固定焊处预热温度要按工艺达到要求，特别是组对时应力较大的筒节预热温度尤其不能忽视。固定焊接要牢固，必要时应焊接加强板，防止在焊前预热时，固定焊缝裂纹造成错边量超标。

④ 筒节的矫正　一般情况下在纵缝焊接完后进行矫正，厚壁或高强度低合金钢筒节焊缝无损检测合格经消除应力热处理后进行矫正，加热矫正的筒节也应在探伤合格进行，无论任何筒节矫正之前都应清除焊疤、焊瘤、飞溅等有害杂物。对高强度低合金钢的工装焊疤打磨后应进行着色或磁粉探伤合格后再矫正，以分清是组焊时的裂纹还是矫正时的裂纹。图 3-6 是矫正棱角的实例。无论卷制还是矫正都要及时清除堆积在筒内的氧化皮，以免压伤筒节内壁。一般高强度低合金钢或厚壁筒节矫正后应经磁粉或着色检查是否有裂纹现象。

（3）筒体环焊缝组对

筒体环焊缝组对时要按管口方位图和总图布置好纵、环焊缝的位置，控制环焊缝错边量和直线度。筒节的椭圆度、纵焊缝形

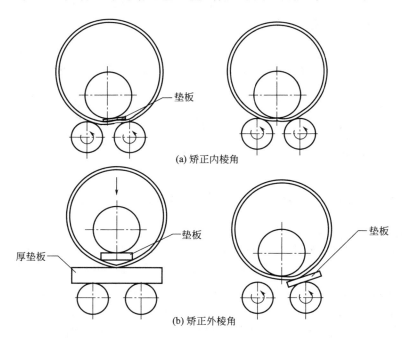

图 3-6　棱角的矫正

成的棱角、端面相对于轴线的垂直度、数个筒节之间的周长误差以及筒节端面坡口的加工质量等都会影响筒体环焊缝组对质量。薄壁轻型筒体的环焊缝组对时要充分利用薄壁筒节的弹性，组对前应对各筒节圆周长分别测量，在满足排板要求的条件下，分组配对来降低错边量。也可以在筒节圆周上划 4 等分中心线，通过组对时筒节之间中心线对正来分段调整错边量。对于薄壁直径大的筒体，用图 3-7 的胀圈"撑圆"后组对较为方便。根据情况还可采用图 3-8 的立式组对。厚壁重型筒节要考虑到筒节的不可弹性，测量各筒节直径误差和椭圆度，满足排板要求的条件下，分组配对，编号确定对口记号，利用相互补偿来调整错边量。厚壁重型塔器的组对如图 3-9、图 3-10。重型塔器筒体组对时，可调滚轮架对直线度、错边量的调整比较方便，筒节可作上升、下降和左、右的微小移动，如图 3-9(a)。重型塔器筒体在组对环焊缝时控制直线度的办法主要是防止焊接时变形，特别是同一条环焊缝的"焊根距"相差太大的情况下防止变形更重要，要对"焊道填充量"不一致造成的收缩量进行估算，相应的措施是预留反变形量和等面积填充，如图 3-9(b)，反变形量的估算由填充面积差异换算；等面积填充防止变形是首层施焊时，在环形上不论焊口宽窄以均匀的填充量填至焊缝总厚度的一半以上，待冷却稳定后再继续焊。每一条环焊缝组对后，直线度在允许范围内时（尽可能把焊道宽的方位调整在直线"凸"的一侧），可在适当位置的焊道内放置与焊道槽沟壁相互吻合的定距块，点焊固定，待焊接至认为稳定后再取掉定距块，如图 3-10 的例子可供参考。将两个筒节组焊合格后称"首批次"组对，两个首批次组焊合格的筒体组焊在一起时称为"次批次"组对，如此组合到最后一条焊缝完成筒体组焊。这样周转工序快，效率高，同时便于"分散"控制直线度，相对直线度超标的"风险"小，稳定性强。一般用"拉线"检查直线度，拉线材料有琴线或钢丝，拉线"绷直"后的"自重"造成"挠度"，测量时应对"挠度"造成的误差进行估算。封头与筒体组配时，多数会出现因封头端口直径误差造成错边超标现象，假若封头端口直径偏小时可在压机上矫正，方法是在封头端口内加一环形衬垫，封头放置在压力机工作台上，上模放在衬垫内，加压扩大封头直径，直径上需要扩大尺寸换算成圆周长再加一定的回弹量，用卷尺围住封头外径，压到需要尺寸即可，如图 3-11(a)；因封头端口壁厚太大造成错边一般用削边处理，如图 3-11(b)。封头直径大了，只有配筒节。

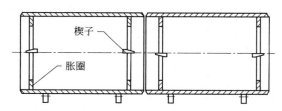

图 3-7　利用胀圈组对薄壁筒体环焊缝

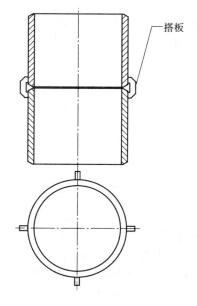

图 3-8　立式组对

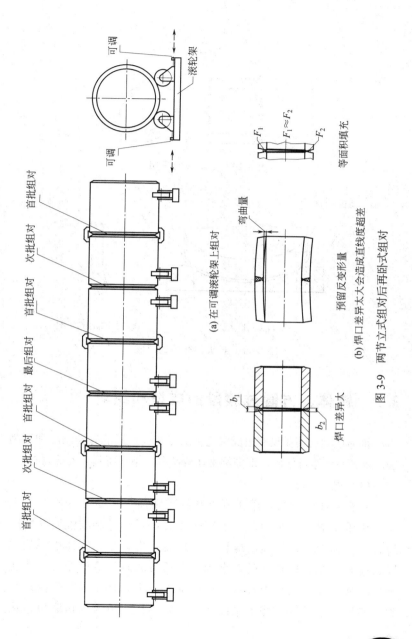

(a) 在可调滚轮架上组对

(b) 两节立式组对后再卧式组对

图 3-9 两节立式组对后再卧式组对

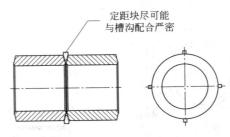

图 3-10　定距块的应用

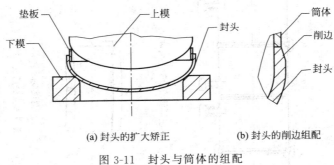

(a) 封头的扩大矫正　　　　　(b) 封头的削边组配

图 3-11　封头与筒体的组配

3.2　锥体、方圆过渡段的成型和组对

锥体成型目前还没有很成熟完善的工艺，常用的有卷制法和压制法，或者两者结合使用，即把圆锥切成两段，小端压制，大端卷制。

（1）卷制圆锥

卷制锥体的预弯，用压制锥体的工装预弯［参见图 3-13(a)］，薄板用手工成型工装预弯［参见图 3-13(c)］。卷制圆锥展开扇形运转时，扇形的运转速度应该是角速度，也就是说锥体小端的圆周长度和大端圆周长度的起点到终点运行的时间应该相等，要让扇形小端线速度运行得慢些，以保证大、小端在相同时间内运行到终点。让小端线速慢下来的办法是在卷板机一端加耐磨块，让

"小端强制减速"，此方法适用于较薄且大的圆锥，卷制锥体时扇形小端的材料磨损严重，下料时要留足磨损余量。如图 3-12 所示的卷制锥体。

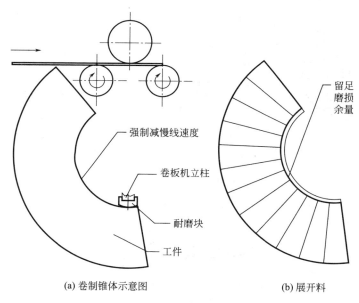

(a) 卷制锥体示意图　　　　　　　　　　(b) 展开料

图 3-12　卷制锥体

（2）压制或手工锤击成型锥体

不规则旋转体形状的圆锥和小直径大壁厚的圆锥大都采用压制法，即把展开料划出若干个小梯形线，然后在压力机上压制或人工敲打成型，由两边交替对称向里压弯，而且随时用样板检查两端弧形，一次到位成型（也可以压成 2 个瓦块组焊），如图 3-13所示的压制和手工成型锥体。

（3）方圆过渡段、锥体纵向焊缝组对和矫正

方圆过渡段成型特点是：方则方，圆则圆，平面是平面，圆端 1/4 范围内圆弧与方端相接合处的界线要清晰。薄板成型可用图 3-13(c) 中的手工成型方法，厚板用图 3-13(a) 压制锥体或图

133

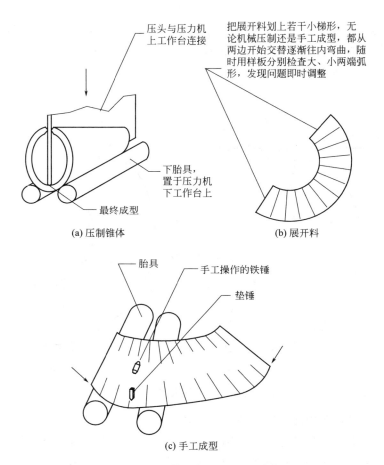

压头与压力机
上工作台连接

把展开料划上若干小梯形，无
论机械压制还是手工成型，都从
两边开始交替逐渐往内弯曲，随
时用样板分别检查大、小两端弧
形，发现问题即时调整

下胎具，
置于压力机
下工作台上

最终成型

(a) 压制锥体

(b) 展开料

胎具

手工操作的铁锤

垫锤

(c) 手工成型

图 3-13 锥体的压制和手工成型

3-14 压力机成型（根据情况调整胎具），随时检查矫正，避免太
大误差。方圆过渡段的成型方法是从展开料的两边对称交替往内
压制，如图 3-15 所示。组对时用图 3-5 纵缝组对工装，厚板还
可补以图 3-14 装置在压力机上调整对口错边或矫正焊口板面的
直线度等。用图 3-14 装置可以矫正锥体或方圆过渡段圆弧、错
边和平面等，具体如图 3-16。

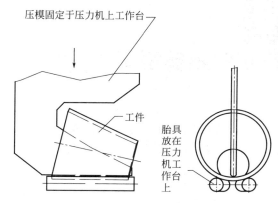

图 3-14　在压力机上矫正小直径厚壁锥体

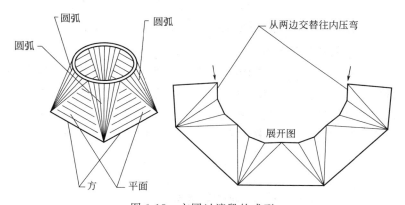

图 3-15　方圆过渡段的成型

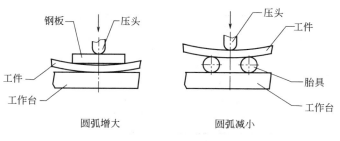

图 3-16　矫正锥体或方圆过渡段

第4章
手工矫正和机械矫正

板材和型材存在的缺陷有弧弯、波浪形和扭曲等；构件在制造过程中产生变形，特别是焊接变形。矫正是使材料或构件产生塑性变形，达到理想状态。

4.1 手工矫正

一般工厂无专用矫正设备，手工矫正更显重要。

（1）薄板手工矫正

这里指钢板厚度为2mm以下的瓢曲、鼓包、弯曲等变形薄板的矫平矫直工序。薄板矫正主要是"放"和"收"，放是主要的。例如图4-1所示薄板两处材料"多了"造成鼓包，要从整个板面上把"少的"材料"放开"，达到整个板面上材料"松"

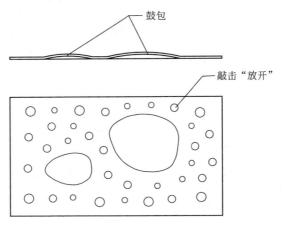

图 4-1　薄板的手工矫平

"紧"适宜，薄板自然就平整了。假如薄板边缘弯曲不平整，可能是这部分材料多了，也是常说的瓢曲，也要把"紧"的材料放松才能矫平。实际操作中主要是判断变形薄板是哪一部位"紧"或"松"所造成的不平，这是一件很难辨别的工作，搞不好很容易造成适得其反，得不偿失的后果。因此薄板矫正时应看准了才敲，想好了才敲，盲目敲击会取得"适得其反"的效果。弯曲的板材更应慎重对待，不能随意用锤敲击，在卷板机上矫正最好。薄板手工矫正速度慢、效率低，锤印子多，但这是铆工和钣金工的基本功，是理解钢板变形和矫正的基础知识，一般都要作为初学者基础训练的必修课。

（2）扁钢和条形板料的手工矫正

厚而不太宽的扁钢可以分多段锤击扁钢侧面，让其强制

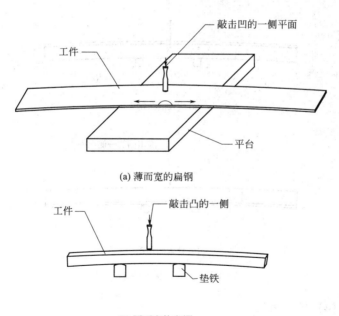

(a) 薄而宽的扁钢

(b) 厚而窄的扁钢

图 4-2　扁钢或条形板料的矫直

变形，达到矫直目的。其它如圆钢、方钢等也用此方法矫正。较薄扁钢或条形薄板可以平放在平台上，敲击凹形的一侧，使凹形一侧材料受挤压变"长"而迫使整个条形零件向凸的一侧变形，达到矫直的目的。如图 4-2 扁钢或条形板料的矫直。

（3）槽钢和角钢的矫正

槽钢沿"大面"弯曲的情况较少，"小面"弯曲时的矫正与图 4-2 厚而窄的扁钢矫正方法类似，锤击两条凸的"小面"侧面就可达到矫正目的。角钢变形较特殊，有沿筋面内弯和外弯，矫正方法与矫正扁钢相似。如图 4-3 角钢的矫正。

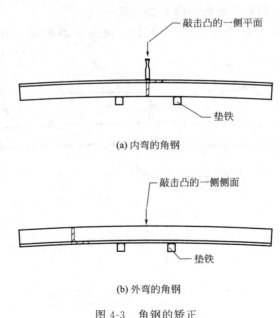

敲击凸的一侧平面

垫铁

(a) 内弯的角钢

敲击凸的一侧侧面

垫铁

(b) 外弯的角钢

图 4-3　角钢的矫正

（4）扭曲矫正

不大的扁钢、角钢扭曲时，可采用如图 4-4 的办法在虎钳上用扳手矫正。

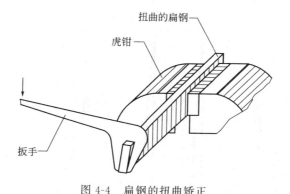

图 4-4　扁钢的扭曲矫正

4.2　火焰矫正

图 4-5 是变形扁钢的火焰矫正。火焰对弯曲扁钢"凸"的一侧加热时，温度升高区的材料局部膨胀产生强大应力，挤压邻近区域材料，迫使扁钢继续加大弓形的弧高，增大扁钢的弯曲量，当停止加热时"膨胀区"的材料急剧冷却减弱了对"邻近区域"材料的挤压，弓形高度逐渐向原有形状变化，随着温度的下降，"膨胀区域"材料因冷却而急剧收缩，同样会产生强大的收缩应力，到达常温时"膨胀区"材料会比未加热前收缩得"小"些，同时产生强大的应力会把矫正前的弓形高减小。能够减多少？与被矫正的材质、构件的形状、加热温度的高低和加热点的大小、加热区域的分布以及冷却速度（或者说环境温度）等有关。利用这个原理来矫正各种零件或构件能取得一定效果。还可利用以上原理解决实际工作的一些问题。如图 4-6，平板封头焊缝区域产生周向收缩，把平板挤压成"凸"形，这种情况很常见，可以用图示的分点加热、冷却收缩方法矫正，收缩"多"出来的材料。不过劳动强度大，效率低，也很难彻底解决问题，矫正薄板时会留下小的凸凹不平的包块。又如图 4-7 钢制 T 形大梁的矫正，设

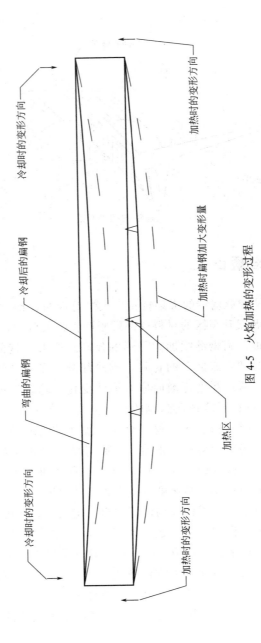

图 4-5　火焰加热的变形过程

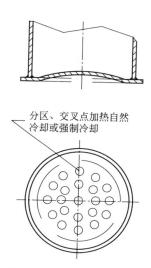

图 4-6 加热冷却收缩矫正

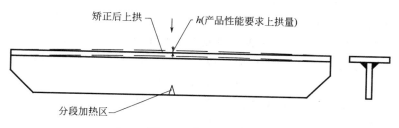

图 4-7 大梁的矫正

计图要求应有距离等于 h 的往上拱"桥度",现在焊接好后的梁是直线,载重梁无"桥度"是绝对不行的。用火焰矫正排除故障很方便,T 形梁的立板对称分布于腹板上,矫正力较单一,按图视"分段加热区"加热后冷却收缩能顺利达到"上拱"要求。受热变形还可用在其它场合,如图 4-8 用在组对焊缝上。

火焰矫正应注意以下问题。

① 被矫正材料:有的材料是不适合用火焰矫正的,例如有的高强度低合金钢的裂纹倾向敏感,火焰矫正应慎重。

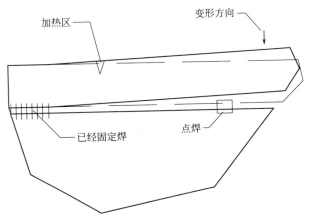

图 4-8　利用热变形组对

　　② 构件的特殊性：上述钢制大梁很容易矫正，但它不适合用火焰矫正。火焰矫正的构件存在很大内应力，在无载荷的情况下构件已经承受克服内应力的载荷。用火焰矫正会降低构件"服役"期的承载能力。因此类似钢制梁在下立板料时应按图要求做出"上拱桥度"，即立板应做成弓形的，并且还要估算出焊接收缩量，确保焊后的上拱度在允许范围内。

　　③ 形状复杂的构件：火焰矫正形状复杂的构件时，要考虑热应力会给相邻部分带来的影响。

4.3　机械矫正

　　用卷板机或压力机等机械设备矫正型材、钢板和一些构件。

（1）型材机械矫正

　　图 4-9 为卧式型材矫直机，压头作往复运动，每分钟达数十次，条状工件置于支撑与压头之间，支撑之间距离视被矫正工件情况预先调整好，开机后压头处于空载状态，左手操纵手轮调整支撑的矫正空间决定矫正量，右手操作工件作纵向移动决定矫正

点，空载时翻转工件，本机特点是快速、安全、稳定性好。图4-10是压力机矫正条状零件。

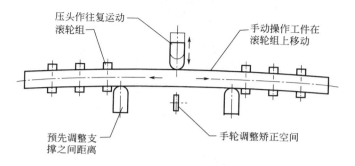

图 4-9 卧式矫直机

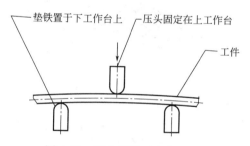

图 4-10 压力机矫正条状零件

（2）卷板机矫正

变形曲率不大的槽钢、角钢等型材可以在卷板机上矫正，如图4-11；扭曲或弯曲的片状零件也可以在卷板机上矫平，如图4-12矫正片状零件。图4-13是薄板鼓包矫平，分点辊压与手工矫平薄板原理完全相同，用卷板机上辊压力代替锤击力来"放开""紧处"，达到板面"松""紧"均衡。

（3）其它机械矫正（见图4-14）

① 轧辊式矫正机械矫正 轧辊式矫正机械矫正的实用范围更广泛，效果更显著，其矫正精度能达到：板材矫平 1.0〜

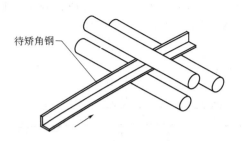

待矫角钢

图 4-11 卷板机矫直条状型材

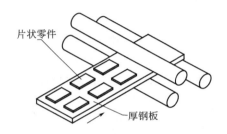

片状零件

厚钢板

图 4-12 卷板机矫平片状零件

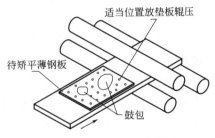

适当位置放垫板辊压

待矫平薄钢板

鼓包

图 4-13 卷板机矫平薄板

2.0mm/m，圆钢、方钢等矫直 1.0mm/m。不过辊式矫正机械属于专用设备，造价高，不易实现。

② 拉伸矫正　广泛用于各种轧钢后坯料和盘卷料的矫直，但需要大功率机械，适应性差。

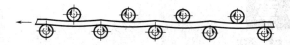

板材、管材、型材的矫正

(a) 辊式机矫正

薄板瓢曲、型材扭曲的矫正，管材、带材、线材的矫直

(b) 拉伸矫正

图 4-14　辊式和拉伸矫正

第 5 章
冷热成型

5.1 冷成型

手工冷热成型是铆工基本操作训练之一，有助于理解认识钢材冷、热塑性变形原理和过程，掌握塑性成型知识。

5.1.1 方盖成型

冷成型工序使用的简易工艺装备一般是铆工自己平时备有或根据需要随时动手制作的，逐步积累工艺装备的设计知识。优秀铆工都有自己的小型"装备库"。图 5-1 是手工冷成型方盖（板

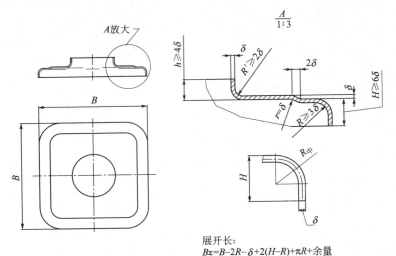

展开长:
$$Bz = B - 2R - \delta + 2(H-R) + \pi R + 余量$$

图 5-1　方盖零件图

厚一般都不大于 2mm)，铆工、钣金工、薄铁工等工种初学者的基础训练都要进行压筋、翻边等基本功操作。图示手工冷成型零件的工序是：下料—压筋—开孔—内翻边—外翻边—矫正等，其中主要是工序间的矫正。

（1）下料

按图示尺寸计算出翻边的高度加修磨余量，毛坯边缘去毛刺倒圆角，防止在成型过程中产生裂纹。

（2）压筋

压筋操作，实际是用手工完成机床冲压的"拉伸"工序。按图纸划出压筋轮廓线，用模型垫板和垫板按线对正，用弓形夹或虎钳夹紧，视简易模型垫板而定，可以分段多次成型，一次成型更好，冲击用垫块接触工件一端应圆滑，手锤敲击力大小适宜，以免留下印痕，如图 5-2 手工压筋。还可参照图 5-3 的结构作简易压筋模，这种压模制作比冲裁模难度小，凹模腔周边留大于零件厚度的间隙，凸、凹模口圆角与零件图相应。模具压筋变形均匀无锤印，效果更好。压筋工序主要是压筋后的矫平，变形区域材料流动造成整个板面扭曲不平，要仔细矫平后才能进行下道工序。

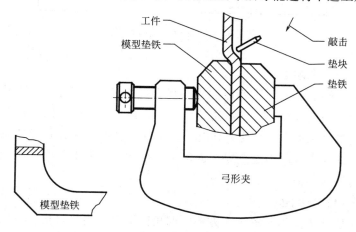

图 5-2 手工压筋

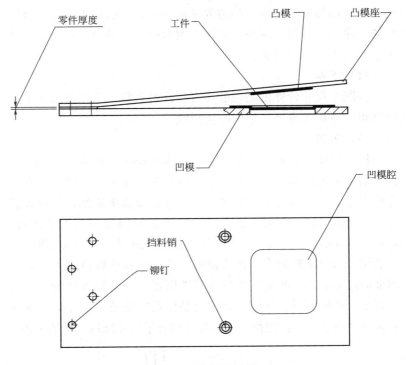

图 5-3　简易压筋模

（3）内翻边

内翻边成型较压筋成型容易得多，压筋是"拉伸"，使整个板面中间一块凸起，内翻边是"放开"材料，"放"比"拉"容易。可以采取图 5-2 的夹具内翻边，也可以把工件放置于铁砧上手工按线小段敲击逐渐完成内翻边，如图 5-4 手工翻边，注意事项与压筋相似。

（4）外翻边

外翻边操作比较难，方盖的四角圆弧要作简易垫板，采用图 5-2 结构作外翻边模板，也可以在弯板机上弯好四个直边，然后

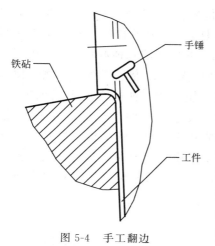

图 5-4 手工翻边

用图 5-2 夹具敲四个圆角，圆角成型是"收料"易折皱引起裂纹，还会"冷作硬化"，给翻边带来困难，可以"中间退火"或在夹具上局部加热成型，但要注意不必要的因加热引起的变形而矫正困难。整个操作过程都要注意尽可能少留锤印。翻边还可参照图 5-3 简易压筋模，或参照图 2-33 简易修边模的结构作内、外简易翻边模，不过翻边面积大，压力机和模具结构相应增大，各方面条件应充分考虑。

5.1.2 弯曲

主要介绍管子、板材、角钢的弯曲。

(1) 管子弯曲

管子在弯曲过程中，沿弯曲断面外侧的壁厚因受拉伸减薄，

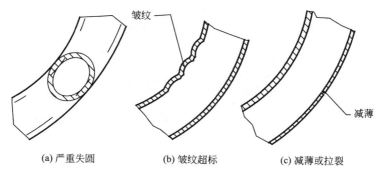

(a) 严重失圆   (b) 皱纹超标   (c) 减薄或拉裂

图 5-5 管子弯曲时产生的变形

沿弯曲断面内侧管壁受压缩而增厚，在横截面上产生变形，如图5-5。改善措施一般是加大弯曲半径；在管内装填料；管内安装芯杆；利用反变形槽等，图5-6是常用的几种弯管方法，图（a）为压力机弯管，弯曲半径一般应大于10倍管子外径，例如便携式液压弯管机属于此类；（b）辊轮式弯曲的弯曲半径也较大，这种结构型式一般用于弯曲螺旋管，弯曲半径也应大于10倍管子外径；（c）辗压式弯曲是最常用的弯管结构，弯曲半径能达到2倍管径，辊轮上用反变形槽、管内安放芯杆，能改善管子弯曲时失圆、外壁减薄、内壁起皱等缺陷。为了获得弯曲半

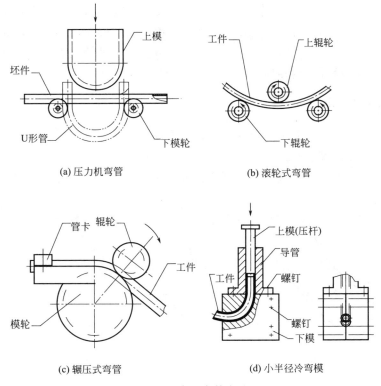

(a) 压力机弯管

(b) 滚轮式弯管

(c) 辗压式弯管

(d) 小半径冷弯模

图 5-6　常用弯管方法

径小而其它指标又符合要求的弯管，图 5-6（d）小半径冷弯模，是由两瓣组合成型腔的挤弯模构成，坯件在压力作用下，由导管进入型腔，在挤压弯曲变形过程中，改变了上述三种弯曲型式中金属以拉长为主要特征的变形型式，因此可以获得小于 2 倍管径的弯曲半径，模腔应具有高硬度、高耐磨及良好的润滑等性能。

（2）手工弯管夹具

在现代科学技术高速发展的今天，数控弯管机等已经普及，但手工弯管在小批生产、技术改造、设备维修等场合还显必要，如图 5-7 手动弯管夹具。该夹具适应范围一般在 φ38 以下，结构是：销轴焊在平台上，套在销轴上的弯管扳手装有模轮、挡轮、压紧轮及偏心夹紧机构，带凹槽的管卡座焊在平台上，起到夹持管子的作用。偏心夹紧机构能控制压紧轮作前后移动，作用是弯曲时压紧管子，防止管子在弯曲过程中的变形，同时方便安放和取出管子。弯曲半径较小，壁厚较薄的管子，压紧轮还要考虑开反变形槽，回弹系数与弯曲半径、被弯曲管子直径之比有关，比值大，回弹量大；比值小，回弹量小，如图 5-7 所示中所列的回弹参数。弯曲薄壁小半径管子时还可以在被弯曲管子内安放芯杆，起到防止变形的作用。表 5-1 是管子弯曲展开长度的计算。

表 5-1　管子弯曲展开长度 L 的计算

$L=\dfrac{\pi R}{180}\alpha+a+b$ 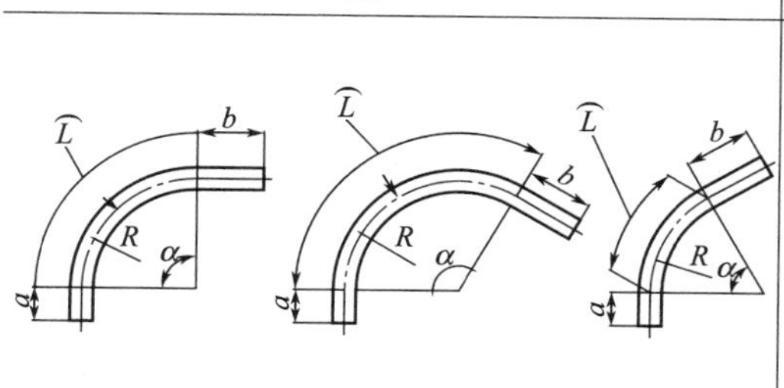	$L=\dfrac{\pi R}{180}(\alpha+\beta)+a+b$ 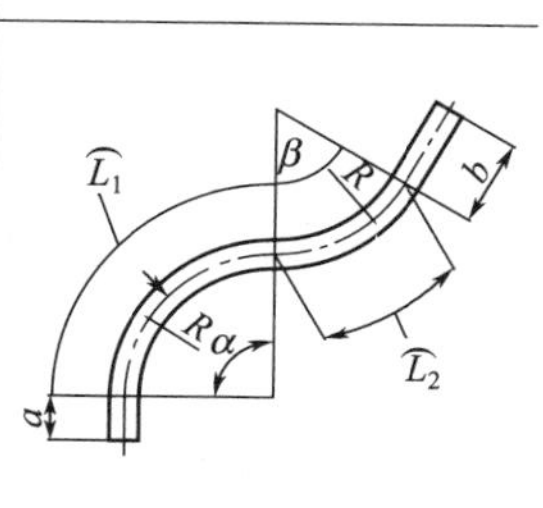

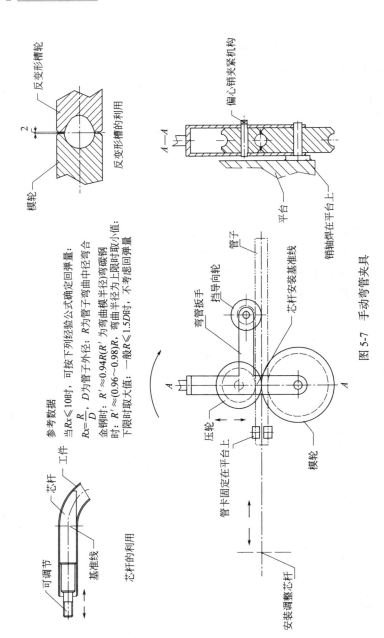

参考数据

当$R \times \leqslant 10$时，可按下列经验公式确定回弹量：

$R \times = \dfrac{R}{D}$，D为管子外径；R为管子弯曲中径弯合

金钢时：$R' \approx 0.94R$（R'为弯曲模半径）弯碳钢

时：$R' \approx (0.96 \sim 0.98)R$，弯曲半径为上限时取小值

下限时取大值；一般$R \leqslant 1.5D$时，不考虑回弹量

图 5-7 手动弯管夹具

（3）板材手工弯曲

铰链手工弯曲是基础训练之一，如图 5-8。自备胎具和小轴，工具是手锤和虎钳，弯曲步骤多少以适合为宜，敲击时应备如图示扁锤或垫铁，避免留下锤印。另一种简易装备弯曲铰链方法如图 5-9，在方铁上钻孔与铰链外径相应，手锯切割开槽，第一工序后从侧面装入零件，在虎钳或压力机上完成卷制。图 5-10 管卡手工弯曲，坯件两端直段弯曲后，圆棒作胎具夹在虎钳上分若干步骤弯曲成型。

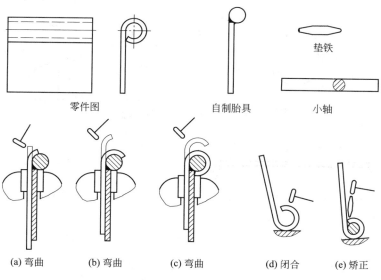

图 5-8　铰链手工弯曲

（4）板材机械弯曲

板材的机械弯曲设备结构型式较多，这里简单介绍往复式折弯机结构。板材折弯机类似于压力机工作原理，由滑块的上、下往复运动带动模头工作，以弯曲板材的最大厚度和最大宽度划分折弯机的工作能力。滑块的往复运动一般采用液压传动。图 5-11 为折弯机示意图。折弯机上模安装在滑块 T 形槽内，由锁紧装置

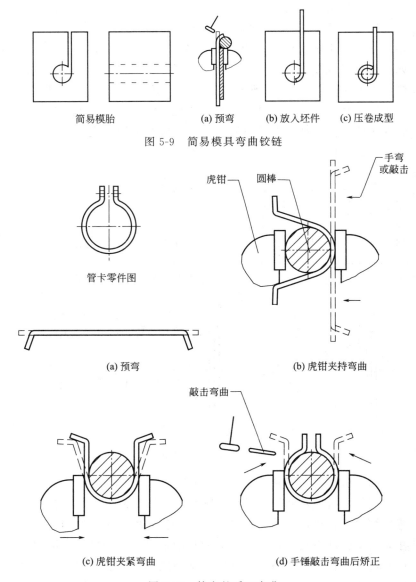

简易模胎　　　　　　　　(a) 预弯　(b) 放入坯件　(c) 压卷成型

图 5-9　简易模具弯曲铰链

管卡零件图

手弯或敲击

虎钳　圆棒

(a) 预弯　　　　　　　　　　(b) 虎钳夹持弯曲

敲击弯曲

(c) 虎钳夹紧弯曲　　　　　　(d) 手锤敲击弯曲后矫正

图 5-10　管卡的手工弯曲

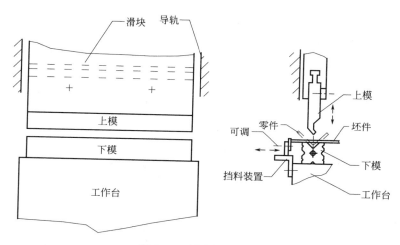

图 5-11　折弯机示意图

固定，四面开有大、小不同 V 形槽的方形体下模，满足不同厚度和半径零件的弯曲。挡料装置调整弯曲距离。折弯机的模具结构简单，机动性强，用途广泛，是各种箱体、骨架、加强筋、型材等的加工设备。图 5-12 是折弯机加工示意图。改变上、下模具断面形状，以适应所弯曲零件断面形状是这种机械的主要特征，图中零件Ⅲ、Ⅳ是模具适应零件断面形状的典型例子。薄板折弯零件一般弯曲半径都比较小（$r \approx \delta$），展开计算公式如图 5-13。

（5）角钢、槽钢、扁钢的冷弯曲

角钢、槽钢弯曲时它的截面产生的变形如图 5-14 所示，从图中看出，型材弯曲时截面上平弯筋的抗弯力矩大，造成平弯筋变形或同时引起立弯筋变形。因此型材的弯曲主要是防止或减少截面的变形。这里简单介绍利用卷板机弯曲槽钢和角钢。图 5-15 是在三辊、四辊卷板机的上、下辊筒上增加与槽钢截面形状相应的模轮冷弯槽钢，特点是四辊卷板机的中心下辊筒能紧紧地顶住槽钢背面于上辊筒，防止槽钢大面在弯曲过程中的变

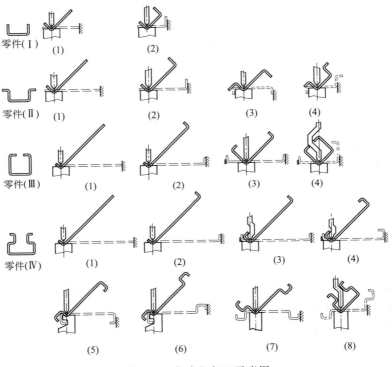

图 5-12　折弯机加工示意图

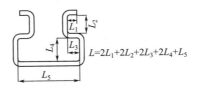

$$L=2L_1+2L_2+2L_3+2L_4+L_5$$

图 5-13　折弯零件的展开计算

形，很明显此法要优于用相同的方法在三辊卷板机上进行弯制，三辊卷板机弯曲槽钢时背面有如图 5-14 中大面变形的趋势。弯角钢和其它形状的型材时也采用类似方法弯曲，也要设计与型材截面相应的模轮，无论用什么方法在三辊或四辊卷板机上弯曲型材都存在图 5-14 所示的截面变形，同时在卷板机辊筒上安装轮子很不方便，受卷板机上下辊筒之间距离限制，只能弯曲小规格型材，实用价值有限。图 5-16 扁钢弯曲机，作用原理与四辊卷板机弯曲槽钢相似，不过它是立置的，下轮是主动轮，且可调整轮距，起着转动工件和调整弯曲半径的作用，辅助转动轮可前、后移动，在工件"打滑"时起助力作用，工件转动时即自动脱开。图 5-17 是角钢、槽钢圈的展开长计算。

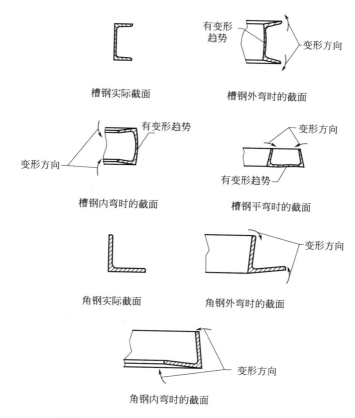

图 5-14　槽钢、角钢弯曲时截面的变形方向

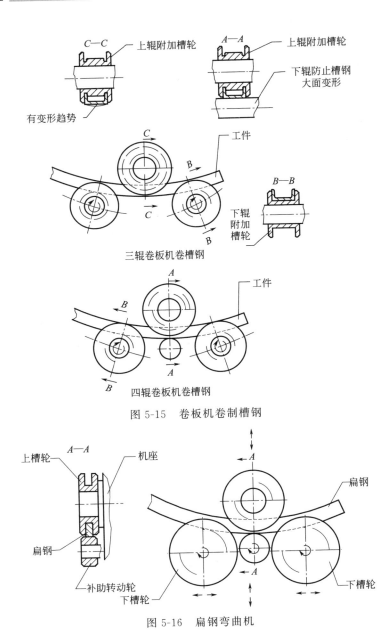

$C—C$ 上辊附加槽轮

$A—A$ 上辊附加槽轮

下辊防止槽钢大面变形

有变形趋势

C 工件

B

$B—B$

下辊附加槽轮

三辊卷板机卷槽钢

工件

四辊卷板机卷槽钢

图 5-15 卷板机卷制槽钢

上槽轮 $A—A$ 机座

扁钢

扁钢

补助转动轮

下槽轮

A

扁钢

下槽轮

图 5-16 扁钢弯曲机

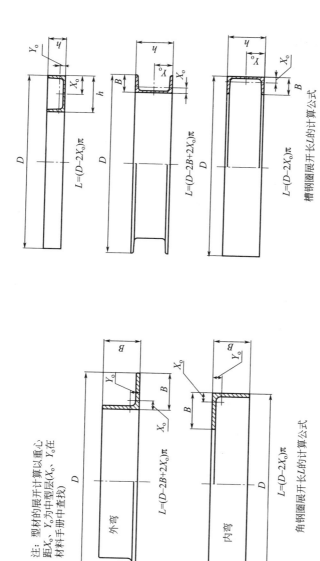

图 5-17 角钢圈和槽钢圈的展开长计算

5.2 热成型

随着技术的进步，热作铆工的专业化在一般工厂已不常见，但也不可避免会有热加工作业，下面简单介绍常见的一些操作。

5.2.1 火焰加热手工弯管

如图 5-18 手工氧-乙炔火焰弯管是适应性较强的一种弯管方法。作法是计算出应弯曲的弧长，视管子规格和加热火焰的强弱决定弧长的分段数量。管子一端固定后依次从第 1 段环形加热达

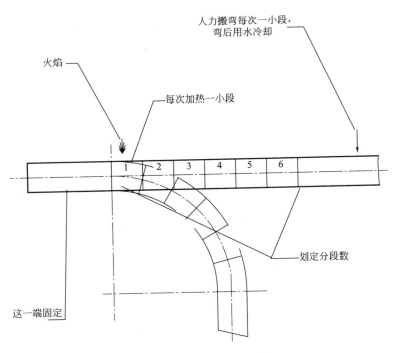

图 5-18　火焰加热手工弯管

到始锻温度后缓慢"推弯"管子，弯曲角度约等于这一小段弧长应含的角度，然后浇水冷却已弯弧长，再继续以上操作弯曲下一段至完成整个弯管工序。应该注意：

① 这种手工弯管受加热火焰及人力"推弯"力量大小的限制，管子规格不能太大；有的钢种淬硬倾向敏感，不适宜浇水冷却的钢管采用此方法时应当慎重，例如铬钼钢。

② 加热段的长度与弯曲角度大小以及加热温度和"推弯"速度之间的相互适宜是这一操作的关键，否则会出现弯曲的弧不规则，以至弯裂等现象。

5.2.2　夹套手工翻边

图 5-19 是夹套简图及手工翻边。夹套手工成型，随着技术的进步，产品质量有更高的要求，手工成型部分被锥形折边封头所代替，有时在特殊情况下也采用手工成型。从图中可以看出，把预留圆筒部分做成锥体，要把大量的材料"收小"，斜边顶部筒壁变厚，操作不当会起皱、氧化、不光滑、有锤击印等缺陷。小型薄壁用氧-乙炔加热，单人或双人操作；大型厚壁用能作上下和左右倾角调整的焦炭炉加热，工件加热后旋转到适合人工操作的位置双人配合敲击成型。

5.2.3　接缘手工翻边

有些接缘是用成型获得，例如搪瓷设备。图 5-20 所示筒体上的成型接缘，有些接缘还开在封头上，压制成型接缘的成本很高，特别是筒体上的接缘压制更困难，所以手工成型显出它特殊的优越性，接缘手工成型比夹套手工成型容易得多，夹套是"收"，而接缘是"放"，加热方法和操作要领与夹套成型相似，也是小型、薄壁用氧-乙炔火焰加热，大型厚壁用焦炭炉子加热。由于接缘形状特殊，操作位置不便，锤击时要用"垫锤"接触工件，可以减少锤印，垫锤型式因成

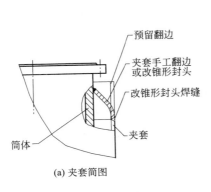

(a) 夹套简图

适宜于厚度在60mm以下夹套收边,右手握锤,左手持撑顶物(以小号大锤为宜),撑顶是配合敲击时防止"过敲"凹陷和减少工件振动。加温时,火焰要能在一定范围内将工件加热到始锻温度,敲击才有明显效果。敲击时,先敲高温区边缘,逐渐往高温区中心移动,以免中心凹陷造成无法排除的缺陷。温度降低后要随时"顶凹敲凸"才能使工件圆滑、平整、光洁。

(b) 火焰加热手工翻边

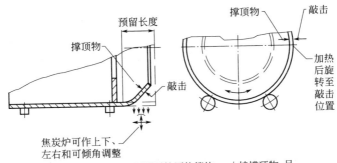

适用于较厚的简体,一人持撑顶物,另一人操作手锤,"顶与敲"两人应在"意念"中默契配合,准备好,快。"趁热打铁"是重要的操作要领。焦炭炉的火力应均匀,随时调整炉子位置,作到"加温位置准备,想敲哪里才加温哪里",防止过烧现象。其它与火焰加热手工成型相似。

(c) 焦炭炉加热手工成型

图 5-19　夹套简图及手工翻边

型条件而异。外翻接缘手工成型施工条件艰苦，要求配合协调恰当，操作的速度和准确性很重要，只要认真，一般都能较好完成接缘手工成型。手工成型接缘端口壁厚减薄量一般都能满足图纸要求，主要是加热过程中防止"过烧"、氧化等缺陷。

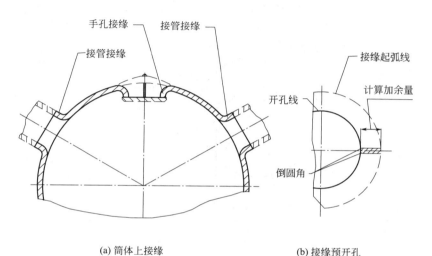

(a) 筒体上接缘   (b) 接缘预开孔

图 5-20　筒体上的接缘

按展开方法在筒体上划出起弧线和开孔线，加温和敲击时按线操作

5.2.4　型材加热弯曲机

图 5-21 是一种型材加热弯曲机，悬臂上装有轴向、径向挡轮装置，能作上下、左右调整，工作台上装有工件压紧装置，经过加热的坯料放在模胎上后，压紧机构压住工件，轴向和径向挡轮进入相应位置，工作台带动工件转动，径向轮迫使坯件弯曲，轴向轮约束工件在弯曲过程中的轴向变形，该设备弯曲工件精度高，可以弯角钢圈、法兰盘等，是专业型材弯曲厂的专用设备。

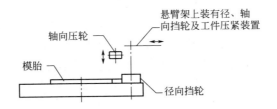

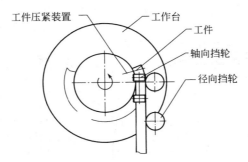

图 5-21　大型型材加热弯曲机

第6章

筒体开孔和接管展开

6.1 开孔位置的确定

如图 6-1 筒体接管位置简图。筒体上接管以轴向基准（左环缝）到 a、b、c 孔的距离为 L_1、L_2、L_3，周向基准以 0°为起点的 45°、120°、150°为 a、b、c 接管的位置，封头上接管 e 的径向位置是以筒体中心为起点，长度为 r 的距离，周向位置在以 0°为起点的 75°上。划线步骤是首先划出过整个筒体中心的周向基准在筒体外表面的 0°线，如图 6-2。a、b、c 管中心到周向基准 0°线的距离（1°的弧长公式是：$\pi R/180$），分别用 45°、120°、150°计算出 0°线到对应孔在筒体实际表面弧长，分别用 L_1、L_2、L_3 和所求的对应弧长划出 a、b、c 孔的位置。e 孔的周向位置是按上述方法将 0°为起点的 75°弧长划在筒体外圆上，转动筒体使 e 周向线在最高点划出 e 接管位置，如图 6-3。图 6-2、图 6-3 的例子只是一种思路和方法，实际操作中主要是：读懂总图和方位图，把握好基准、方位、相互间尺寸等。

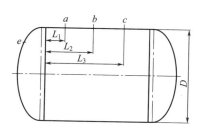
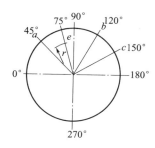

图 6-1　筒体接管位置简图

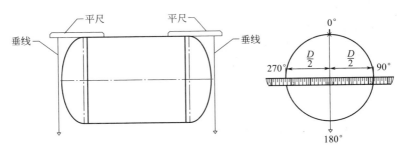

图 6-2　过中心找基准线

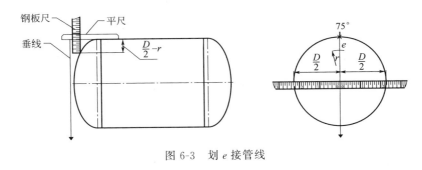

图 6-3　划 e 接管线

6.2　等径管三通筒体开孔及接管展开

以下展开作图均未作板厚处理，有关板厚问题请参看第 2 章。

（1）作相贯线

作辅助图，划支管主、左视图截面图并且 12 等分，过主、左视图各等分点分别引竖向垂直线，通过左视图横管圆周上各交点，作与横管中心线平行的平行线交于主视图竖管对应垂直线得各对应交点，连接各点即为等径三通圆筒相交的相贯线，相贯线各点到竖管端面各对应点的距离，为竖管圆周上各对应等分点的实长线，左视图上 $\overset{\frown}{L_1}$、$\overset{\frown}{L_2}$、$\overset{\frown}{L_3}$ 弧长是竖管与横管相接处横管开孔对应等分的展开实长线。

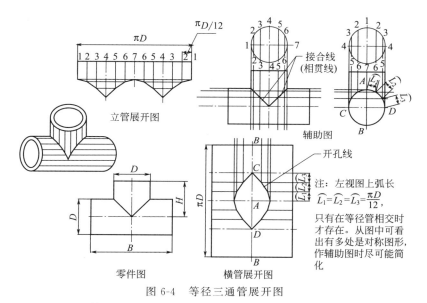

图 6-4 等径三通管展开图

（2）竖管展开

作立面图竖管端部延长线，切直线长度等于竖管 πd，以 $\pi d/12$ 等分 πd 得各点，并过各点作竖管中心线平行线，再过相贯线上各对应点向展开图作横管中心线平行线得展开图上各对应交点，连各点得竖管展开图。

（3）横管展开

作竖管中心线的延长线，切取横管 πD 之长度作展开图，划出中心点，分别以侧面图上竖管各等分点投影在横管圆周上各点得弧长 $\widehat{L_1}$、$\widehat{L_2}$、$\widehat{L_3}$ 的距离，作横管中心线的对称平行线，再以相贯线各对应点向横管展开图引平行线得各对应点，连接各点即为开孔线。

6.3 支管偏移三通主管开孔及接管展开

如图 6-5，前面部分到作相贯线的划法与图 6-4 等直径三通展开的划法相似，不同之处是侧面图上支管等分圆各点投影在主管圆周上所得弧长数量多了一倍，且各不相等，划展开图时除弧长要对应相取外，其余与图 6-4 相同。

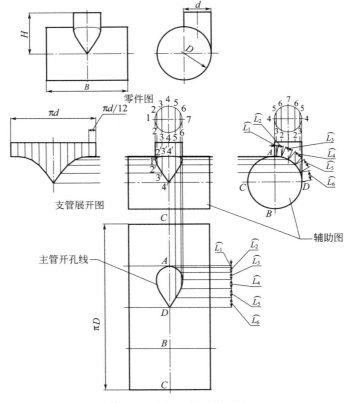

图 6-5　支管偏移三通展开

6.4　支管偏移倾斜三通接管展开及主管开孔

如图 6-6。支管偏移倾斜三通与支管偏移三通展开原理基本相同，由于支管倾斜使求出的相贯线不对称，这是与图 6-5 不同之处。主要注意左视图支管等分点投影在主管圆周上各点所引平行线与主视图支管平面图等分点所引平行线相交时所得的对应点

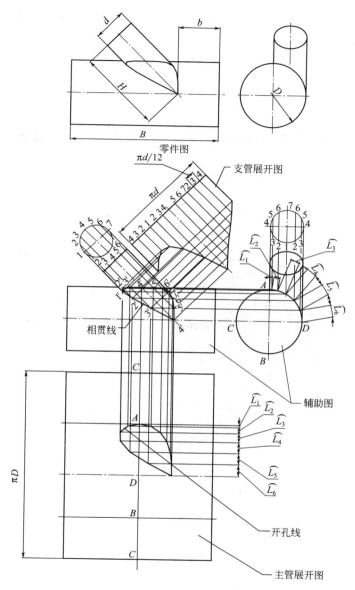

图 6-6　支管偏移倾斜三通展开

的对应位置，准确求出相贯线。求支管展开图时注意相贯线上各点与支管展开图的对应点位置。主管展开时，左视图支管等分点投影在主管圆周上各段弧长的对应位置是以主管左视图上 A 点为起点向 D 点（也可以 D 点为起点向 A 点）。相贯线上各点向主管展开图引平行线时分清各点的对应关系。

6.5 圆管与圆锥相接的壳体开孔与接管展开

如图 6-7 圆管横向与圆锥相接。

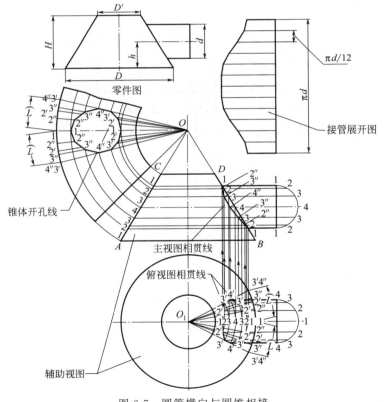

图 6-7 圆管横向与圆锥相接

（1）作辅助图

主视图两斜边延长线交于 O 点，作主视图接管断面图并等分，过各等分点作接管轴线的平行线交于圆锥斜边得 1、2、3、4、3、2、1 点。作俯视图接管断面图并等分，过各等分点作俯视图接管轴线的平行线。过主视图圆锥斜边上 1、2、3、4、3、2、1 各点作平行于圆锥轴线的平行线交于俯视图 O_1-1 轴线上，得 1、2、3、4、3、2、1 点，以 O_1 为圆心，O_1-2、O_1-3、O_1-4、O_1-3、O_1-2 为半径作弧交于接管等分点的平行线得各对应点 2″、3″、4″、3″、2″，连接 1、2″、3″、4″、3″、2″、1 各点即为俯视图接管与圆锥相贯线。过俯视图相贯线各点作圆锥轴线的平行线（箭头向上）交于主视图接管等分点引的平行线得 2″、3″、4″、3″、2″各对应点，连接 1、2″、3″、4″、3″、2″、1 各点为主视图圆锥与接管的相贯线。以俯视图 O_1 为起点，作俯视图相贯线各交点的直线并延长交于圆锥底圆周得 1、2′、2′、3′、4′、3′点。

（2）作圆锥接管孔展开图

以 O 为圆心，OA 为半径作弧，以 O 为起点作 O-1 直线，作弧长等于俯视图 L 弧长，且作 2′、2″、3′、3″、4″点及各点到 O 的直线。以 O 为圆心，O 到主视图斜边上 1、2、3、4、3、2、1 各交点为半径分别作弧交于展开图 1′-O、2′-O……得 1、2″、3″、4″、3′、2′、1 各对应点，连接各点为切孔线。

（3）接管展开

主视图上相贯线各交点 1、2″、3″、4″、3″、2″、1 到接管端面的距离为接管各等分线的实长线，展开方法与其它接管相同。

6.6　与椭圆封头轴线平行的接管展开

如图 6-8。在平面图和右视辅助图上作接管平面图并 12 等分圆周，以椭圆封头平面图上的 O 点为圆心，O 点到圆管圆周各等分点的距离（O-2、O-3、O-4、O-5、O-6）为半径分别作弧交于轴线 O-7 上得 2′、3′、4′、5′、6′各点，过 2′、3′、4′、5′、6′

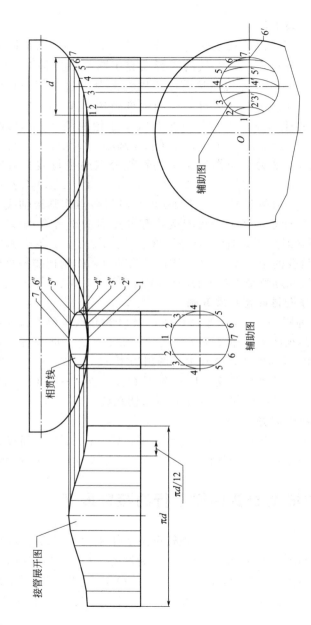

图 6-8 与封头轴线平行的接管展开

各点作与封头轴线平行的平行线交于椭圆曲线得 2、3、4、5、6 各点，过以上各点及已知点 1、7 点作垂直于封头轴线的平行线交于过右视辅助图接管平面图各等分点所作平行于封头轴线的平行线，得 1、2″、3″、4″、5″、6″、7 各对应点，连接各点为所求相贯线。接管展开：作接管下端延长线等于 πd，并 12 等分 πd，过各等分点作接管中心线的平行线，过相贯线上各对应点作平行于 πd 的平行线交于各对应点，连接各点，展开图划成。

6.7 与椭圆封头轴线垂直的接管展开

如图 6-9。作主视图和俯视图接管辅助图并等分圆周，过主

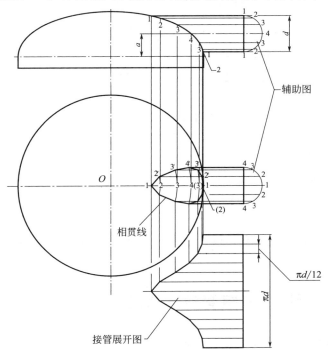

图 6-9 与封头轴线垂直的接管展开

视图各等分点作垂直于封头轴线的平行线交于封头椭圆曲线得1、2、3、4、3、2、1点，过俯视图辅助图各等分点作垂直于封头轴线的平行线。过封头上各交点作平行于封头轴线的平行线交于平面图 O-1 接管中心线上得 1、2、3、4、(3)、(2)、1 点。以 O 为圆心，O-2、O-3、O-4、O-(3)、O-(2) 为半径分别作弧交于俯视图接管辅助图平行线得各对应点得 2′、3′、4′、3′、2′点，连接 1、2′、3′、4′、3′、2′、1 各点，即为封头与接管俯视图相贯线。相贯线各点到接管端面的距离为各对应等分的实长线，展开方法与其它接管展开相同。

6.8 与椭圆封头轴线倾斜的接管展开

如图 6-10。作主视图和俯视图接管的断面图并等分圆周，过主视图各等分点作接管轴线的平行线交于椭圆曲线得 1、2、3、4、5、6、7 点，过各交点作封头轴线的平行线交于俯视图接管轴线 O-7 得 1、2、3、4、5、6、7 点。过俯视图接管圆周各等分点作垂直于封头轴线的平行线，以平面图 O 点为圆心，分别以轴线上 O-2、O-3、O-4、O-5、O-6 为半径作弧交接管断面图各平行线于 2′、3′、4′、5′、6′点，连接 1、2′、3′、4′、5′、6′、7 点则为平面图接管与封头的相贯线。过相贯线 2′、3′、4′、5′、6′各点作平行于封头轴线的平行线（箭头向上）交于椭圆曲线得 1、(2)、(3)、(4)、(5)、(6)、7 点。以上各交点到接管端面的距离即为接管各等分线的实长线。展开方法与其它接管展开相同。

6.9 椭圆封头接管的开孔划线

封头是不可展开体，要把接管孔与圆筒一样展开划在封头上有很大难度，且准确性差，常用方法是先作好接管后配开孔，另

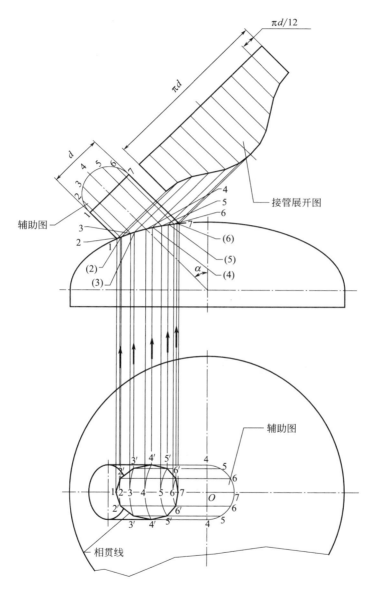

图 6-10 与封头轴线成夹角接管展开

一种方法是在划定接管孔中心点后用图 6-11 机构划圆孔线。

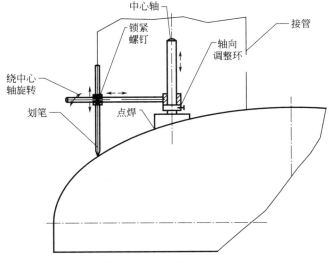

图 6-11　在封头上划圆孔

6.10　壳体孔坡口和接管坡口

壳体与接管连接焊缝结构较复杂，熔池位置变化频繁，焊接质量难以稳定。一般设计图上的坡口型式都标注在主视图或左视图的剖面图上，主视图上焊缝的剖视是圆筒的最高点，左视图上焊缝的剖视是圆筒的最低点。在实际工作中，不仅是制出符合最低点或最高点型式的坡口，整条曲线上坡口都符合要求就有难度，如图 6-12 部分壳体与接管的连接型式。从图中可以看出，由于接管的大小、与壳体相接的位置的情况不同，相贯的曲线差异也很大，制作焊缝坡口和施焊难度也随之增加。接管与壳体的连接可分为插入式和安放式两种。

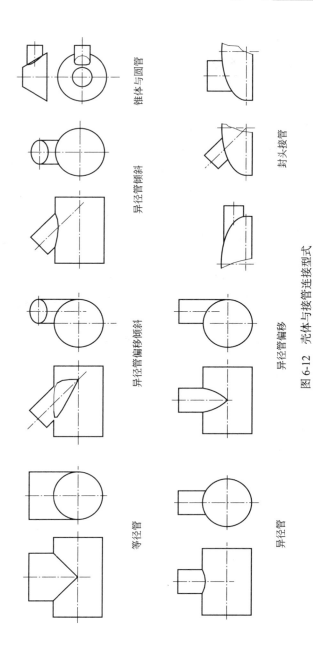

图6-12 壳体与接管连接型式

6.11　插入式接管壳体孔坡口

　　图 6-13 所示为正插入式接管坡口，图（a）中一般厚度可采用 K 形坡口，图（b）中较大厚度壳体可采用 U 形坡口。图 6-14 所示为偏移倾斜及封头插入式接管坡口。图中接管与壳体接触最高处锐角一侧坡口的角度很难达到要求，会造成施焊条件差。

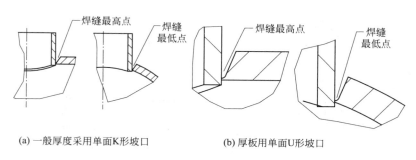

(a) 一般厚度采用单面K形坡口　　　　　(b) 厚板用单面U形坡口

图 6-13　正插入式接管坡口

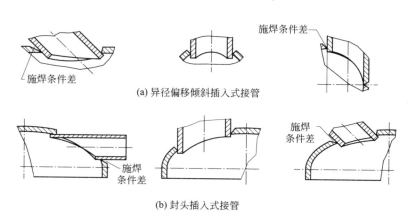

(a) 异径偏移倾斜插入式接管

(b) 封头插入式接管

图 6-14　偏移倾斜及封头插入式接管坡口

6.12　安放式接管坡口

如图 6-15 安放式接管，壳体上的孔与接管内孔一致，接管鞍形与壳体外表面一致。在接管鞍形上加工坡口比在壳体上方便，但是斜安放式接管锐角一侧的坡口较为特殊，施焊条件差。

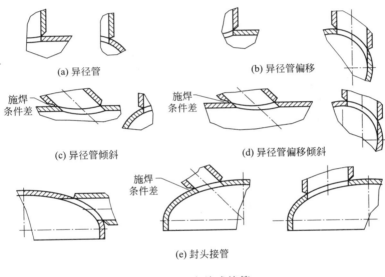

(a) 异径管

(b) 异径管偏移

施焊条件差

(c) 异径管倾斜

施焊条件差

(d) 异径管偏移倾斜

施焊条件差

(e) 封头接管

图 6-15　安放式接管

6.13　开孔和坡口的切割加工

开孔与倒坡口是在很不规则的曲线上切割，如图 6-16 部分接管焊缝走向。一般用气割、等离子切割、碳棒气铲等方式制作孔和坡口时，壳体孔切口应与接管轴线平行，特别是斜接管的壳体开孔。一般认为无论插入式还是安放式都应将接管与壳体孔配作好后再倒坡口，这样能更好控制坡口角度，坡口角度是相对于

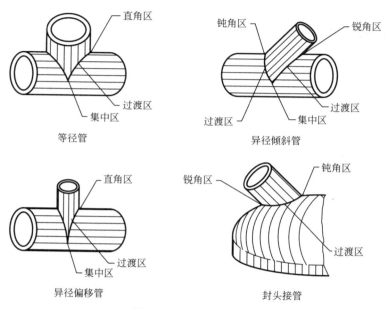

图 6-16　部分接管焊缝

接管轴线或管壁为参照物而非以壳体为参照物，要靠熟练的操作技能才能切割出壳体鞍形曲线坡口角度，常有焊缝"熔池"和"焊根距"大小不一的问题，特殊的鞍形曲线坡口的切割困难更大，例如斜插入式接管壳体坡口。图 6-17 制作坡口的作法可供参考：将接管与壳体孔配好后，按实际需要的焊接"熔池"宽度采用碳弧刨开坡口，这种作法，操作者的参照物为接管外壁，能使熔池宽度误差尽可能小，刨出近似于 U 形坡口的槽沟后，取下接管打磨槽沟效果更好。安放式接管上的坡口随鞍形的变化切割的角度

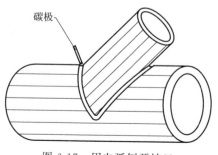

图 6-17　用电弧刨开坡口

也不同，例如最高点和最低点、正接管和偏接管、垂直和倾斜等的差异，角度也难控制，要靠熟练的操作技能。也可用上述将接管与壳体孔配好后用碳弧气刨在接管上加工坡口。

6.14 焊接高压三通的开孔、加工坡口和焊接

按照焊接高压三通标准规定，竖管与横管的结构型式为安放式，如图6-18。安放式的横管开孔直径与支管内径相等，坡口开在竖管上。焊接高压三通焊缝质量要求严格，应 100% 射线检查。

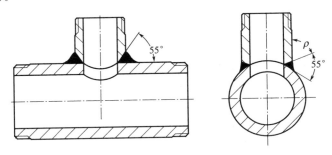

图 6-18　焊接高压三通零件图

(1) 支管马鞍形和坡口的加工

焊接高压三通的焊缝"填充角度"始终为 55°，竖管马鞍形最高点，到横管轴线截面向上方的角度为 55°。为满足焊缝填充角度，标准规定了每一种规格的焊接高压三通马鞍形坡口的 ρ 值。横管开孔采用钻、镗、车、铣等切削加工，竖管的坡口用数控铣更能保证马鞍形坡口质量。不具备设备条件时，按图 6-19 支管鞍形和坡口曲线的展开，把两条曲线划在竖管上，按线切割打磨也能保证焊缝填充角度。

① 竖管鞍形展开　作主、左视图竖管内径断面图并等分，过各等分点作竖管轴线平行线，左视图平行线交于横管外径圆周

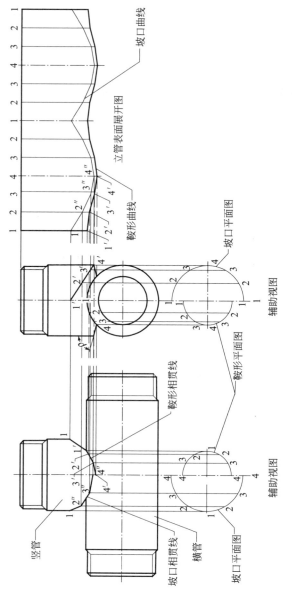

图 6-19 支管鞍形及坡口曲线展开

得对应交点 1、2、3、4 点，过各点作横管轴线平行线交于主视图各等分线得各对应点 4′、3′、2′、1′，连接各点为鞍形相贯线。展开与其它接管相同。

② 坡口曲线展开　过主视图坡口 1 点作横管轴线平行线交于左视图竖向轴线得 1′点，作 1′到左视图坡口 4′点连线。作主、左视图竖管外径圆周断面图并等分，过主、左各等分点作平行于竖管轴线的平行线，左视图交于 1′-4′得 2′、3′点，过 1′、2′、3′、4′各点引横管轴线的平行线交于主视图得各对应点 1、2″、3″、4″，连接各点为主视图上坡口相贯线。1、2″、3″、4″点到竖管端面的距离是坡口圆周上各等分线的实长。过 1、2″、3″、4″点作横管轴线的平行线交于展开图各对应等分线得 1、2″、3″、4″各点，连接各点得展开图坡口的曲线。

（2）焊接高压三通的焊接

焊接高压三通的焊接应在变位器上进行，尽可能使熔池在水平位置。焊缝高度及过渡成型等按照产品图纸节点放大图，特别是等径三通（图 6-20）的鞍形焊缝最低区有大量的过渡成型填充量，热输入量大，要防止变形和裂纹。

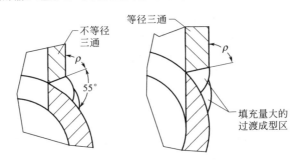

图 6-20　支管鞍形最低点坡口

第7章

产品、部件的装配

7.1 装配前的准备

无论是静止设备还是运转设备都应尽可能理解该设备的工作性能，各零部件之间的装配关系。对照技术要求、管口表、装配工艺等有关技术文件，了解装配中应注意的先后次序，避免无效劳动。

7.2 换热器的装配

简介固定管板换热器和浮头式换热器的装配。

(1) 换热管零件的加工

直换热管长度一般是定尺长，有特殊要求的直换热管和 U 形换热管要作 2 倍设计压力百分之百单管试压，管端密封方法有封焊和如图 7-1 所示的几种管口密封方法。图 7-1(a) 一端螺旋顶压密封，方法简单，方便快捷，密封垫可用橡胶板或石棉橡胶板，缺点是管子长、有弹性，试验压力不会太高，且易损坏密封垫。图 7-1(b) 用弧形压板固定管子后螺旋顶压密封，密封垫用橡胶板、石棉橡胶板、铝板等，能达到较高压力，缺点是易损坏密封垫。以上两种方法管子端面平整与否是影响密封性能的主要因素。图 7-1(c) 为弧形压板固定自紧式密封。自紧式密封的密封垫是 O 形橡胶圈，O 形橡胶垫在柱塞和管壁之间应有一定的压缩量，介质初始压力时也许会有微量泄漏，但随介质压力升高，在介质压力的挤压下，O 形圈紧贴管壁和柱塞槽沟达到密封

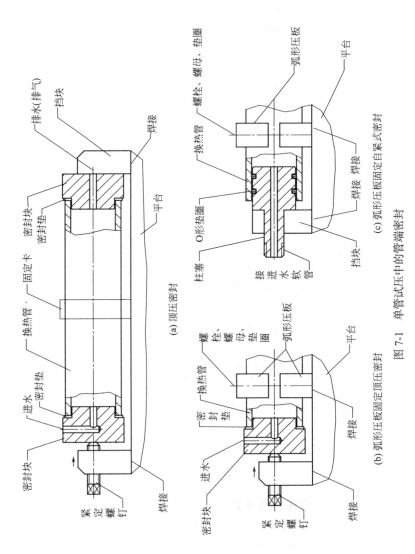

(a) 顶密封

(b) 弧形压板固定顶压密封

(c) 弧形压板固定自紧式密封

图 7-1 单管试压中的管端密封

目的。该密封试验压力范围宽，从低压到高压在一个装置上完成，O形橡胶圈的成本低且不易损坏。缺点是管子内孔不规则会影响密封性能以及装 O 形圈有难度，适宜于不锈钢管的单管试压密封。图 7-2 是单管试压系统图，尽可能多串联管子，以提高功效。在系统中蓄能器压力略高于试验压力，系统上应安装不少于两个量程相等且不小于 1.5 倍试验压力的压力表，充压时应排尽系统内空气，达到管程设计压力时应保压检查系统密封情况及管子是否有泄漏情况，然后再充压至试验压力作耐压试验。

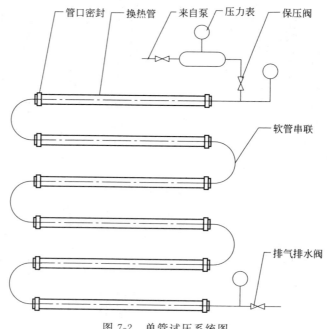

图 7-2　单管试压系统图

（2）换热器零件的清洁处理

换热器的使用条件不同，清洁要求也不一样，最基本的要求是管板和折流板应无油污、毛刺、铁屑、铁锈等杂物，壳体内应除净焊渣、焊瘤、飞溅、焊疤等，焊缝应平整，能保证管束顺利装入。管板、折流板经加工应除尽毛刺，最简单办法是装配前用压缩空气反复吹除，还可用碱洗后酸洗，再用清水冲洗后擦干，还可用丙酮擦洗。换热管内最好是用压缩空气吹除管内铁锈和杂物，换热管应无油污、锈蚀、严重弯曲、压伤等，管子两端部100mm范围内应用砂布打磨光洁，有特殊要求者应满足工艺和产品图纸中的技术要求。所有办法都不如对管板、折流板、换热管、壳体采用喷砂处理，这样的清洁方法最彻底。

（3）折流板缺口方位与设备管口方位

弓形折流板缺口在管口方位图上的位置应如图 7-3 所示，缺口应在进出口接管对面，换热效果才能充分利用，另外在剪弓形折流板缺口时所留半圆形缺口应小于孔半径的宽度，如图 7-3 右图所示。

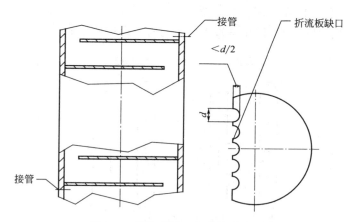

图 7-3　折流板缺口与接管进出口

（4）管子与管板的焊接

① 穿好的管束要检查各部分尺寸和直线度等是否正确，两管板之间距离和平行度、同轴度是否在允许范围内。换热管伸出长度应符合工艺要求。

② 固定管板换热器一般先焊壳体和管板，随后焊接管子与

管板，为了防止管板焊接时变形，可采取两种办法：放射法，即从管板中心分若干方向交替向外施焊，以减少热量集中传递带来的变形；分点施焊法，即把管板分为若干区域交替变换施焊区域，减少应力集中带来的变形。

（5）管束的检漏和管程、壳程的耐压试验

任何焊接方法对管子与管板的焊接都有可能存在缺陷，最普通有效办法是耐压试验前壳程采用空气检漏，即视管束性能以 0.1～0.5MPa 压缩空气充压后用肥皂水或把管束放在水池里检查出泄漏点，作好记号泄放后补焊，为确保补焊质量，最好清除缺陷后补焊，清除方法有小型砂轮修磨或用如图 7-4 所示工具，清除缺陷后补焊。空气检漏补焊能保证焊接质量，经水压试验后由于水的污染，补焊质量相对较差，一般空气检漏后补焊都能经受耐压试验。管程耐压试验后已经无法查出管板上的泄漏点，一般以保压时间为验收标准。所以壳程试压是检查管板与管子焊接质量的唯一办法。

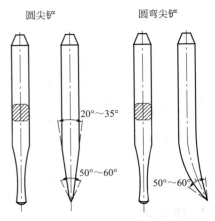

图 7-4　清除缺陷的小工具

（6）固定管板换热器的装配

图 7-5 是固定管板换热器简图，图 7-6 是固定管板换热器的装配。

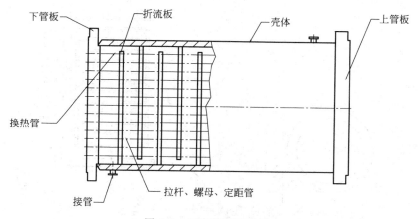

图 7-5　固定管板换热器

① 管束的装配　如图 7-6(a) 所示为固定管板换热器管束的装配。上管板固定在支架上"找正"后用两根圆管支撑折流板，将折流板（由于上、下管板和折流板钻孔时，无论是单件或将管板和折流板叠放配钻，孔间距都存在误差，为保证管板和折流板钻孔的对应位置不改变，能使管子顺利穿入，应严格按照钻孔时的叠放顺序进行编号，不能错位、翻面、调换折流板顺序等）拉杆、定距管、螺母等按图装配固定在上管板上。按管板外沿分若干区域，视管板大小、管子多少，分区域先穿一些管子，这时管束还很不稳定，管板、折流板上的孔，相互间还不很重合，待管子穿多后会逐渐趋于稳定，孔也会逐渐自动对正，管子穿完后管束初坯完成。

② 管束装入壳体　如图 7-6(b)。只要折流板尺寸符合图纸尺寸要求，管束初坯都能顺利装入壳体。吊钩力代替支撑力后取掉支撑管，另一吊钩送壳体套入管束初坯，首个折流板进入后主要是调整好壳体和管束高度，由于管束存在弹性，有利于壳体套入，补以拉紧器和人工导正，一般装入管束都会顺利。下管板与管束的装配如图 7-6(c)，找准下管板的对应方位套入换热管，一般先在外围的对应孔套入管子，只要方位正确，随穿入管子增

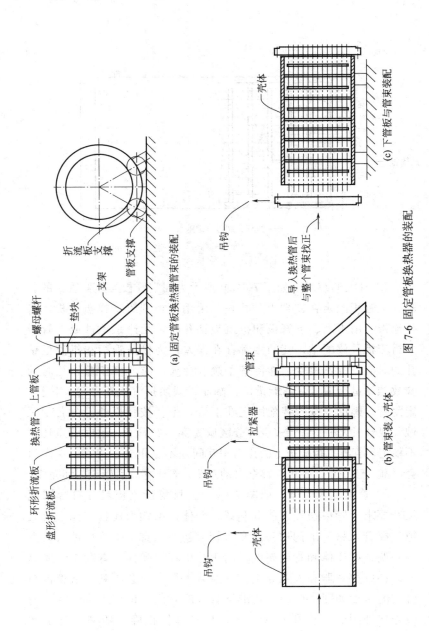

（a）固定管板换热器管束的装配

（b）管束装入壳体

（c）下管板与管束装配

图 7-6 固定管板换热器的装配

多，折流板管孔会逐渐与管板孔对正，管子穿完后对换热器找正，上下管板与壳体的同轴度和上下管板之间的距离及平行度符合要求后可按前述要求焊接。

(7) 浮头式换热器的装配

浮头式换热器结构型式较多，这里介绍的是一种结构较简单的填料函式浮头式换热器。图 7-7(a) 为换热器简图。浮头式换热器比固定管板式换热器制造难度大，浮头式换热器的管程和壳程由填料函装置"隔开"，管束在温差过程中能自由伸缩而且不影响设备的工作性能，填料函结构如图 7-7(b) 所示。浮头式换热器的管束能从壳体中顺利装取，这是浮头式换热器的又一特征。应注意以下问题。

① 管束装配　管束前半部分装配操作与固定管板换热器管束基本相同，图 7-7(c) 是浮头式换热器管束，它是单独按图做完后装入壳体的。要求是：

◇ 应保证前、后管板端面相互的平行度和同轴度在允许误差范围内，管束长度尺寸误差应在图纸允差范围内；

◇ 有滑道或滑道上有滚轮的管束，在组焊滑道时要控制管束的直线度，对组焊滑道后的管束要有基本估算，看是否能顺利装入壳体。

② 壳体的制作　图 7-7(d) 是填料函式换热器壳体。

◇ 壳体上的接管、支座等焊接时避免大变形，特别是大的接管、支座垫板施焊时，尽可能采用小规范、分段焊，减少热输入量集中带来的变形，内壁应打磨光滑，以免影响管束进入。

◇ 前、后法兰组焊时要确保法兰与筒体轴线的同轴度、法兰与筒体轴线的垂直度，才能保证换热器装配后的密封性能和填料函的工作性能。

◇ 装配前对壳体内腔和管束外形进行检测，确认管束进入是否存在障碍。

③ 浮头式换热器的总装配　装配前应弄清各零部件装配的

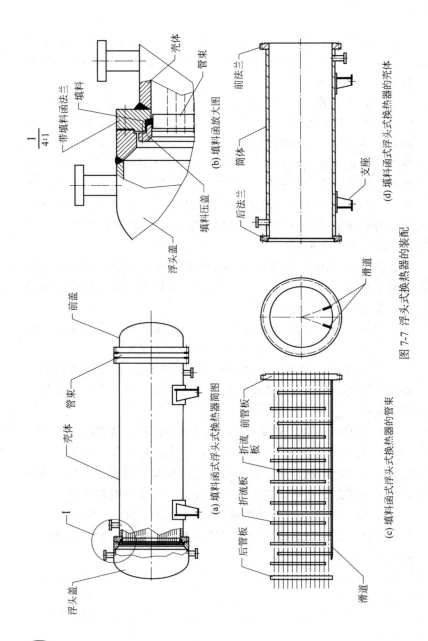

$\dfrac{I}{4:1}$

壳体

管束

填料函法兰

填料

带填料函法兰

填料压盖

浮头盖

(b) 填料函放大图

前法兰

简体

后法兰

支座

(d) 填料函式浮头式换热器的壳体

前盖

管束

壳体

I

浮头盖

(a) 填料函式浮头式换热器简图

后管板

折流板

折流板 前管板

滑道

(c) 填料函浮头式换热器的管束

滑道

图 7-7 浮头式换热器的装配

先后次序，以免无效劳动。

管束套上前管板密封垫后，管束进入壳体，参照图7-6固定管板换热器装配时管束装入壳体的方法，特点是由于浮头式换热器管束焊有滑轨，管束可能产生直线度误差，同时管束弹性差，进入壳体的难度增大，装配前应对壳体和管束有基本估计，一般情况下只要管束和壳体的尺寸和形状误差在允许范围内，装配难度不会太大，否则应及时作相应处理，例如矫正管束直线度或修磨滑道。

（8）填料函的装配

这部分的装配难度及装配质量取决于壳体、管束及主要金属加工件质量，后管板进入填料函后是否会影响前法兰与前管板密封面的接触、后管板在填料函内的位置、双头螺柱孔与管板端面的垂直度误差等，是造成装配难度的主要因素，假如估计在无法调整的情况下，不得强行装配，以免造成严重后果。填料接头应参考图7-8所示的斜度切取，不得采用直接头。圈数以压实后符合图纸尺寸为准。

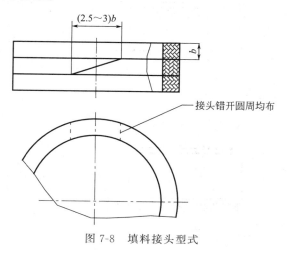

图 7-8　填料接头型式

（9）换热器管板与管子的胀接

胀管连接的接头型式如图7-9。

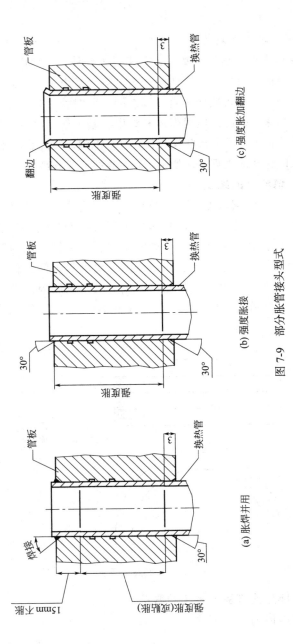

(a) 胀焊并用 (b) 强度胀接 (c) 强度胀加翻边

图 7-9 部分胀管接头型式

① 胀焊并用 我们常用的是胀焊并用，即管子与管板焊接后再进行胀管，胀焊并用包括：强度焊接加贴胀；强度焊后加强度胀。胀焊并用的作用有几层意义：一是管子与管板焊接后管子与管板孔壁之间会存在间隙，会带来腐蚀，用"贴胀"来消除间隙，减少间隙腐蚀，例如管板是复合板时常采用贴胀的办法来消除管子与管板孔壁之间的间隙；另外一点是增强抗拉脱强度和密封性能，或说强度胀接再加强度焊接的"双保险"，用在换热器运行中振动大，容易拉脱的情况下；或者强度胀接再加密封焊，都是胀焊并用。

a. 强度胀接。用胀接的方法连接管子与管板，使其能保证管子与管板的密封性能和抗拉脱能力。因此强度胀接有特殊要求：换热管的材料硬度值一般应低于管板材料的硬度值；为保证密封性能和抗拉脱能力，胀接长度、开槽及管子伸出管板的长度也有规定。强度胀的结构还适用于管子与管板不能进行熔化焊接的材料，例如钢管板与铝、铜等换热管的连接。

b. 有翻边的强度胀接。有翻边的强度胀接一般用在低压锅炉上，翻边是为了增强抗拉脱强度。

c. 胀接的一般要求：无论哪一种胀接，管板一定要清理干净，孔内不得有油污、毛刺等；换热管端部 100mm 要作退火处理（胀焊并用除外）后除锈打光，管子孔内应无毛刺铁锈等。无论哪种胀接管板下部都有 3mm 不胀，如图 7-9 所示，在选择胀管器时要注意这点。

d. 影响胀接的各种因素（特别是强度胀接）如下。

◇ 胀管率：管子与管板孔的"胀紧程度"不足（欠胀）或过量（过胀）都不能保证胀接质量，"过胀"还会因为管子壁厚减薄而导致管子断裂和管板变形。衡量胀接时"胀紧程度"的指标用胀管率 H 表示，即管子内径增大率（见图 7-10），适宜的胀管率 H 与管子的材质、规格有关，一般参照 $H = 1\% \sim 3\%$，蒸汽锅炉监察规程推荐 $H = 1\% \sim 1.9\%$，强度胀接的胀管率 H 应

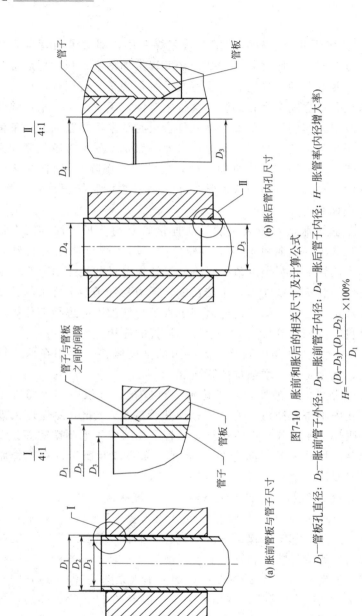

(a) 胀前管板与管子尺寸

(b) 胀后管内孔尺寸

图7-10 胀前和胀后的相关尺寸及计算公式

D_1—管板孔直径；D_2—胀前管子外径；D_3—胀前管子内径；D_4—胀后管子内径；H—胀管率(内径增大率)

$$H = \frac{(D_4 - D_3) - (D_1 - D_2)}{D_1} \times 100\%$$

该经过试验后再确定，建议厚壁管和有色金属采用较大值。

◇ 管板孔壁粗糙度对胀接的影响：管板孔壁粗糙度高可增加耐压力（密封性能），管板孔的环形槽能增强抗拉脱力，管板孔表面有纵向及螺旋形贯穿刻痕会严重降低耐压力（密封性能）。

② 胀管作业　强度胀管操作时，适宜的"胀紧程度"是很难控制的，怎样才能达到内径增大率在需要的范围内？建议采取以下方法（数控胀管机除外）。

◇ 划出管板孔位置图：对号入座测量管板孔直径，按孔径误差值分组作好记录；测量管子内、外径后按照管子误差分组编号后与管板孔分组配对，决定每一组的 H 值及每一组胀后管子孔直径的范围，并且决定每一个孔的胀后管孔直径范围。

◇ 必要的试验：无论手胀或机胀均应先作试验，掌握应有的数据，有充分把握后再上产品。

◇ 胀后的检测：一般是初胀后检查胀后管孔直径，未达到该管子适合的胀后管孔直径时再复胀至达到要求，这样更为保险。检验量具有专用游标卡尺、内径表等。

◇ 胀管存在的缺陷和处理办法：欠胀——补胀；过胀——严格避免或换管子；管子内壁胀大得不对称——胀管器未装正，换管；翻边有裂纹——管端未退火，换管。

③ 爆炸胀管和液压胀管　用于厚管板上装厚壁管子的连接，由专业人员操作；液压胀管，优点是胀管区结合均匀，胀接长度不受限制，不会损伤管子，一次可以胀接多根管子。

④ 胀管机和胀管器

◇ 胀管机有：风动胀管机——应用较普遍，用进风量可控制胀接力的大小，有一定的可靠性；液压胀管机——比风动胀管机要进一步，能自动调节油压来控制胀接力的大小；电动胀管机——带有自动控制仪的数控胀管机。

◇ 胀管器有：前进式和后退式、带翻边和不带翻边、可调式和不可调式。

7.3 塔器的有关问题

塔盘是塔器设备中的主要部件之一，塔器的工作性能不同，塔盘结构型式也不同。可分为筛板型、浮阀型、泡帽型和舌型等。图 7-11 中的小表列出"塔盘在整个板面内平面度允差"。下面是制造过程中应注意的问题。

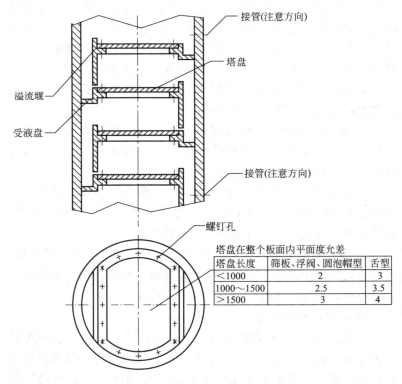

塔盘长度	筛板、浮阀、圆泡帽型	舌型
<1000	2	3
1000～1500	2.5	3.5
>1500	3	4

塔盘在整个板面内平面度允差

图 7-11 塔盘简图

（1）薄壁塔类壳体支持圈的组焊

划线时一律以下封头与筒体的环焊缝为基准，防止出现累计误差，塔盘盘面应该垂直于塔体的轴线。溢流方位应与管口方位图上的相关接管应吻合。组焊之前应对塔体"支撑加固"，尽可能减少在焊接过程中塔壁变形，特别是用螺钉紧固的塔盘，更应该防止支持圈变形造成螺钉孔错位带来的装配困难。

（2）在塔盘上焊接加强筋、泡帽座和其它附件的焊接

焊接时要有防止变形措施，可用压板把塔盘、加强筋固定在平台上焊接，采用"小规范、分段焊、交替作业施焊"，减少热量集中输入带来的变形。对耐腐蚀要求高的塔盘，矫正变形的方法尽可能用压力机压，少用锤击，减少碳钢污染或应力集中带来的晶间腐蚀，也可局部火焰加热把"多余"的材料"收小"，达到矫正的目的。

7.4 夹套容器和外缠绕盘管容器的有关装配问题

这里指的是通过容器外壁附加装置进行加温或冷却的容器。

（1）夹套容器装配的有关注意事项

参见图7-12，夹套口与罐体接触处、罐体接管和支腿处的夹套内凹成型参照第5章冷热成型有关内容。检查夹套与罐体接管和支腿的成型凹处是否有足够的施焊空间；夹套成型与罐体对应处是否吻合，尽可能让夹套与罐体间的空间距离分布均匀，夹套口成型处与罐体接触处须预留适当间隙，待罐体套入后再消除。夹套与罐体焊接后，罐体与夹套间以0.1MPa压缩气检漏罐体与夹套的焊缝后再进行夹套耐压试验，要严格控制试验压力，防止罐体"失稳"。

（2）外缠半螺旋管容器的装配

图7-13所示外缠绕半螺旋管容器，这类容器主要是卷制半螺旋管。管子是由整管剖开，图7-14是在三辊卷板机的辊筒上增加与被卷管子截面形状相吻合的轮子卷制圆柱形螺旋管，这种

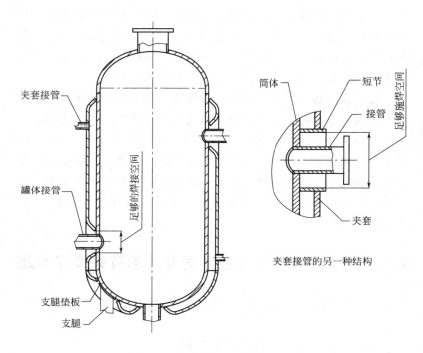

夹套接管

罐体接管

支腿垫板

支腿

足够的焊接空间

简体

短节

接管

夹套

足够施焊空间

夹套接管的另一种结构

图 7-12　夹套容器的接管和支腿

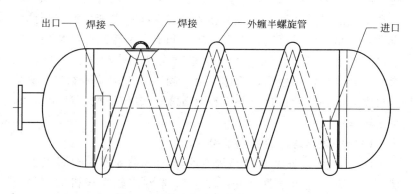

出口　焊接　　　　焊接　　　　外缠半螺旋管　　　　进口

图 7-13　外缠绕半螺旋管容器简图

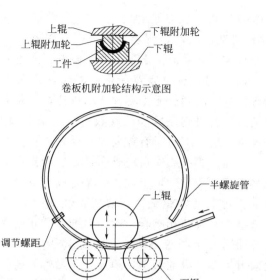

卷板机附加轮结构示意图

图 7-14 三辊卷板机卷螺旋管

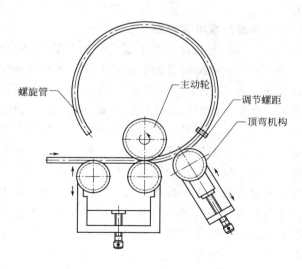

图 7-15 专用螺旋管弯曲机

卷制方法简便易行，缺点是卷制过程中半管截面易变形或"打滑"，受卷板机宽度限制，所卷盘管长度（圈数）有限；在卷板机上加轮子有难度，受上、下辊的距离限制，所卷管子直径不会太大。图 7-15 是另一种盘管弯曲机，能较好克服上述缺陷，也可用普通弯管进行改制。无论哪种弯曲方法，螺距和盘管直径都只能经过试验才能得到较准确的参数，是较难掌握的一项操作，而且质量很不稳定，组对时有径向累计误差，只能靠切去多余的料来消除，增加盘管接头质量很难保证。生产批量大时可采用图 7-16 所示的简易装置组对，可省去弯曲螺旋管工序。原理是：罐体放置于转台上划好螺旋线，装有弹性支撑的支架与转台连接，轮的弧槽与螺旋角相吻合，弯曲时前轮防止管子变形，后轮承载管子弯曲力，半圆管端头点焊在罐体上，罐体作圆周运动时，滚轮架由手动作纵向移动，迫使管子沿螺旋线轨迹缠绕在筒体上，及时点焊固定完成组对工作。本装置适用于批量生产。单件小批生产时，只能弯好螺旋管后，点焊搭板，再用撬杆、楔子等方法组对。

（3）正圆锥缠绕螺旋管容器

如图 7-17。螺旋管的弯曲与半螺旋管的弯曲原理基本相同，设备也一样，轮的槽形按所卷管子截面形状，不同之处是圆锥形螺旋管的弯曲。假设用图 7-15 盘管弯曲机弯曲圆锥形螺旋管。从小端开始，弯曲过程中弯曲机构要逐渐后退，增大盘管直径到大端尺寸。反之，从大端开始，弯曲机构逐渐前进减小盘管直径直至小端尺寸，一个锥形盘管就完成了。对于一台普通盘管弯曲机要完成这种工作程序只是设想而已，圆柱形盘管的直径和螺距都要通过试验数据来完成，且误差较大，组对困难。锥形螺旋管弯曲时，弯曲机构每一前进或后退的瞬间变量都是不定的，而且随着锥形螺旋管直径变化，管子的回弹量也随时变化，采用手动或机动都很难办到，质量肯定很不理想。图 7-18 是正锥形螺旋管组对示意图，工作原理是：首先把置于转台上的罐体圆锥上划

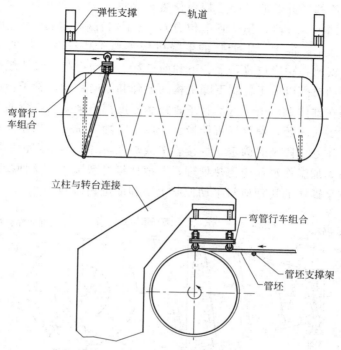

图 7-16　半螺旋管弯曲组焊装置

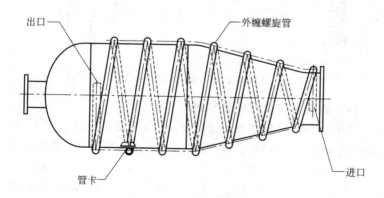

图 7-17　正圆锥外缠绕螺旋管容器简图

出螺旋线，并经放样确定挡板位置，高度应大于螺旋管中心线，点上挡板（分段，预留管卡位置），管子位置确定后按图示固定在罐体上，能上、下调整的下降机构类似于普通弯管机的活动轮，安放在相应位置，上、下和前进都由手动控制。锥体慢速或点转动时配以人工控制下降机构的下降和纵向移动，管子会沿挡板绕在锥体上。由于这类管子直径和厚度都不会太大，弯曲不会存在多大问题，速度尽可能慢，配以人工随时矫正，根据图纸要求，作好一段及时固定（焊接管卡或焊在罐体上），缠完后用氧-乙炔焰加温作消除应力热处理，取掉挡板打磨罐体。这种操作的要点是罐体的转动应与手动控制上下和前进相协调。

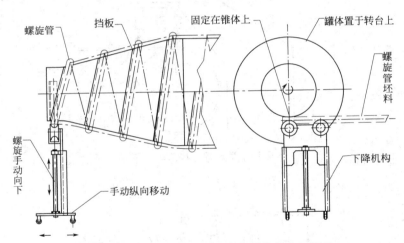

图 7-18　外缠绕正锥形螺旋管容器的弯曲和组对

（4）斜圆锥缠绕螺旋管容器

如图 7-19。斜圆锥比正圆锥缠绕螺旋管更困难。在锥体上划好螺旋线和点焊挡板，利用图 7-18 方法往斜锥体上缠螺旋管，与正圆锥的操作方法基本相同，只是上、下调整距离更大。也可用图 7-20 带轮子的弯管扳手弯曲。图中支架焊在相应的螺旋线位置，支架上密布有销轴孔，可按需要弯管子的相应位置穿销轴把扳手和支架连接起来，此时处于上位置的扳手经手工施压后到下位置时管子已弯曲至锥体表面，扳手经支架上的孔，再次调整到上位置，进行下一轮弯曲，每一段成型与锥体相吻合后由管卡或点焊固定，待支架上的销轴孔不适应弯管需要时移动挡板和支架，之后的工序与组焊正圆锥螺旋管相同。

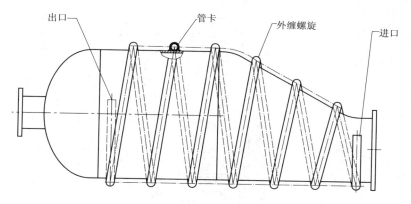

图 7-19　斜圆锥外缠绕螺旋管容器简图

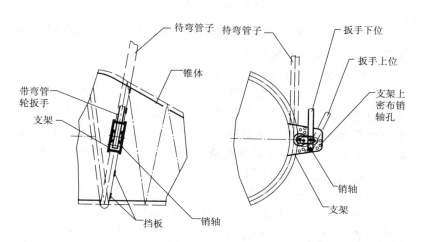

图 7-20　用带轮扳手弯斜锥外缠螺旋管

7.5　运转设备的装配

如图 7-21 立式发酵罐简图。这里对传动零部件的装配和有
关要求作简要介绍。

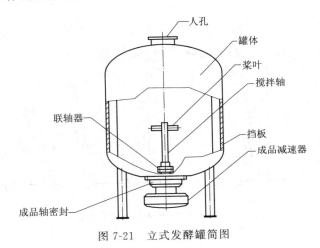

图 7-21　立式发酵罐简图

**(1) 轴、联轴器、键、滚动轴承、桨叶套等轴与孔相配合的
传动零件装配前的检查和选配**

合格的传动零件装配前还要对相配的部位测量，检查实际尺
寸是否符合图纸规定的配合性能，批量生产的还要分组选择，定
出"最优配合"对子，同时还要检查相关的形状和位置的实际误
差对配合性能的影响，采取相应补偿措施，合理配合是保证产品
质量的很重要一环。总之装配前应对配合的间隙或过盈有个估
计，克服盲目装配带来的不良后果。

(2) 装入方法的选择

"过渡配合"即有不大"过盈"或有微量"间隙"的配合，
视其包容面的大小一般用手推、锤击、压力机压等都容易装入，
特殊情况下，例如轴或孔的键槽位置误差或轴和孔的形状误差太

大时会遇到困难，但压力机都能压入。"过盈配合"（包括有键和无键）装入时要困难得多。过盈量越大对表面粗糙度的要求也越高，否则强行压入有损坏工件的可能性。大过盈配合一般都是"不常拆卸"或"永不拆卸"的配合，特别是无键、销传送强力矩的大过盈配合都为不拆卸配合。利用轴冷却后尺寸缩小或套加热后孔尺寸增大进行装配比压力机强行压入装配更稳妥安全。轴冷却或套加热的具体尺寸缩小或增大可以由构件材料的线膨胀系数、冷却或加热温度、冷却或加温时间及构件尺寸求得。轴冷却条件要求高，一般情况下普遍采用套加热装配。应注意的问题如下。

① 加热方法　不得直接用火焰、焦炭炉、电炉等无温控装置的方法加热。放在以水或油为介质的锅里煮和温控灵敏的烘箱加热比较安全可靠。

② 加热温度　经过计算以能顺利装入的温度为加热温度；对经过热处理的零件，例如滚动轴承、淬火齿轮等，加热温度不得高于该材质的回火温度以免影响零件力学性能（一般不高于回火温度的膨胀尺寸都能满足装入要求）。

（3）搅拌系统的动、静平衡试验

搅拌系统在设计时已经进行了平衡计算。由于制造和装配时存在误差，以及材料的不均匀性等原因仍会产生新的不平衡，使运转时产生振动。这时只能用平衡试验来确定出不平衡质量的大小和方位，然后利用去除或增加平衡质量的方法达到平衡。

① 搅拌桨特点及桨叶型式　图 7-21 立式发酵罐的搅拌桨为下置式，还有上置式和其它安装型式。下置式的搅拌系统装配方便，联轴器的轴向受力也较稳定，轴密封泄漏可能性小。相反上置式的搅拌轴是悬挂式，要用夹壳式联轴器来克服搅拌轴脱落的问题，轴密封泄漏倾向也较大。按罐内物料传递流向等的需要，搅拌桨上安装的桨叶型式多种多样，如图 7-22 是部分桨叶的结

构型式。

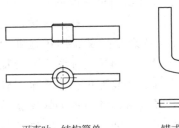 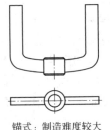 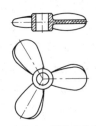

平直叶：结构简单　　　　锚式：制造难度较大　　　推进式：制造难度大

图 7-22　部分桨叶型式

　　② 搅拌桨制造要点　搅拌桨制造质量直接影响搅拌系统运转是否平稳可靠，主要表现在桨叶的对称性，包括几何形状、重量、重心的对称性。例如平直叶的两叶片应对称分布于轴线180°两侧，而且重量相等、重心对称。推进式三个叶片应均匀分布在圆周上，而且几何形状、重量、重心都要一致，要求高的三叶型叶片的成型是由数控机床加工，尽可能减少几何形状、重量、重心等的误差。再如锚式桨叶要保证上述质量指标，难度同样大。

　　③ 搅拌系统（运转构件）的静平衡试验　回转构件的惯性力不平衡（在运转时会出现振动），无法通过计算或其它常规检验来确定平衡质量的大小和方位。即使有些构件有明显的若干块偏心质量，也可能无法准确确定偏心质量的大小及其质心的位置。因此以上情况都只能通过静平衡试验来确定平衡质量的大小和方位。静平衡试验的基本原理是基于这样一个普遍现象：任何物体在地球引力的作用下，其重心（即质心）总处于最低位置，如图 7-23 导轨式静平衡试验装置中的 m 点，导轨式静平衡试验架主要部分是安装在同一水平面内的两个相互平行的刀口形导轨，导轨上的被试构件由于质心偏离转轴，不能使构件在任意位置保持静止不动，这种现象称静不平衡。加平衡质量实质上就是

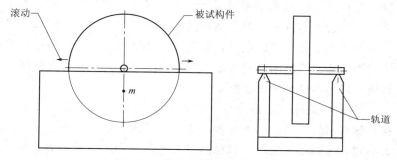

图 7-23　导轨式静平衡试验装置

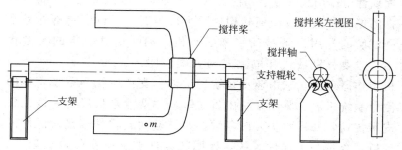

图 7-24　滚轮式静平衡试验装置

调整回转构件的质心位置，使其位于转轴线上。导轨式静平衡试验装置结构简单、可靠，平衡精度高，但必须保证两刀口轨道在同一水平面内。当回转构件两端轴颈不相等或轴颈较大时，就无法用导轨式静平衡试验架作平衡试验。如图 7-24 滚轮式静平衡试验架，这种静平衡试验装置主要由支架和滚轮组成，将被试验的搅拌桨轴两端精确的圆柱面置于滚轮架并确保搅拌轴的轴线在同一水平线上。在偏心重力作用下，搅拌桨在滚轮上滚动，当滚动停止后，搅拌桨的质心 m 应位于转轴的铅垂下方。在判定搅拌桨质心相对转轴的偏离方向后，在相反方向（即正上方）的某个适当位置，取适量的胶泥暂时代替平衡质量粘贴在搅拌桨上，重复上述过程，经过多次调整胶泥的大小，进行反复试验，直到搅拌桨在任意位置都能静止不动。胶泥的质量即为应加平衡质量。取与胶泥质量大小的金属块固定到相应位置，或在相反方向上去除搅拌桨上相应的质量，就能使搅拌桨达到平衡。但是，滚轮式静平衡试验架因轴颈与滚轮间摩擦阻力较大，故平衡精度比导轨式静平衡试验架的精度要低一些。

④ 搅拌系统（运转构件）的动平衡试验　对于某些几何形状对称的回转构件的动不平衡，或无法准确确定有集中质量块的大小和方位的回转构件，只能通过动平衡试验来确定应加平衡质量的大小和方位。当不平衡的回转构件转动时，由于离心惯性力周期性地作用在支撑上，使支撑产生振动。因此可通过测量其支撑的振动参数来反映回转构件不平衡情况。进行回转构件动平衡试验的专用设备是动平衡试验机。动平衡试验机的类型很多，主要分机械式和电测式两大类。图7-25是电测式动平衡机工作原理图。它由驱动系统、试件的支持系统和不平衡量的测量系统组成。驱动系统中目前常采用变速电机经过一级三角皮带传动，并用双头万向联轴器与试验回转构件连接。试件的支持系统是一个弹性系统，即回转构件被支持在弹簧支架上，以保证试件旋转后，由不平衡惯性力引起的振动使支持部分按一定的方式振动，以便于传感器1、2拾得振动信号。测量系统首先由传感器1、2拾得的振动信号，输入解算电路3进行处理，然后经过放大器4将信号放大，最后由仪表7指示出不平衡质径积的大小。经选频信号与基准信号发生器6产生的电信号输入鉴相器5，经过处理后在仪表8上指示出不平衡质径积的相位。

⑤ 现场平衡试验　有的特殊的运转构件不宜在试验机上进行试验，另外有些高速转子，虽然在制造期间已经过平衡试验达到良好平衡状态，但由于装运等多种原因的影响，仍会发生微小变形而造成不平衡，在这些情况下，一般可进行现场平衡。现场平衡就是直接测量机器中运转构件支架的振动来反映运转构件的

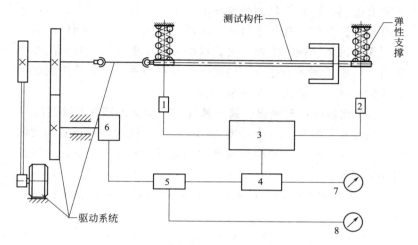

图 7-25　电测式动平衡机工作原理示意图

不平衡量的大小和方位，进而确定不平衡量的大小及方位，采取加重或减重进行平衡。

综合以上讨论，回转构件的动、静平衡试验是不可缺少的，零部件加工精度再高都无法替代动、静平衡试验，特别是转速较高、要求精确的构件，是减少运转时振动的必要步骤。

7.6　容器紧固装配时的注意事项

（1）装配前金属切削加工零件的清洗和检查

① 金属切削加工的密封垫（平垫、双锥环、八角垫、透镜垫等）、平盖、已焊法兰等装配前都要清洗后检查密封面是否有损坏、变形等有碍密封性能的缺陷，然后涂润滑脂妥善保管待装。

② 紧固件（螺栓、螺母、接缘上的螺孔、螺母球面垫、螺母平垫）特别是高压紧固件装配前要清洗检查：螺母、球面垫、平垫的承压面是否有损坏，螺母、接缘上的螺孔螺纹是否清洁，

不得有毛刺、乱扣等目测易发现的缺陷；螺杆螺纹是否清洁，不得有损坏、毛刺、乱扣等目测易发现的缺陷。高压紧固件的清洗除用无腐蚀清洗剂清洗外，对螺纹部分用压缩空气反复吹除细小铁屑，特别是螺母和接缘上的螺孔吹除更为重要，还可用面粉团粘去细小铁屑。清洗后涂润滑脂待装。

（2）高压螺栓与螺母、高压螺柱与接缘上的螺孔的试装配

高压螺纹精度等级全部要求二级以上，螺柱与螺母之间的间隙相对较小，稍有不慎会造成螺栓与螺母"咬死"现象。产生原因如下。

① 螺纹加工误差，包括尺寸误差和形状误差；表面粗糙度误差。

② 螺纹表面损坏或不清洁，有毛刺、细小铁屑未清除干净或装配时操作不当。

③ 螺栓螺母的试装：经清洗检查确认无误后螺栓螺母均涂少量润滑油，用手试装螺母于螺杆或将双头螺柱装于接缘上的螺孔时，用手旋转应能顺利装入，而且较小螺纹还不能用力过大，无论大螺纹或小螺纹都不能用扳手试装，只要手旋螺纹感觉不顺畅时立即退出查找原因，是否有损坏、铁屑、毛刺等有碍旋入的缺陷，或用螺纹环、塞规检查是否合格，不能用手强行拧入，否则有"咬死"造成无法进退的危险。

（3）密封法兰螺母的紧固

正确地紧固能避免出现损坏密封垫或螺杆螺母的危险，提高密封性能，特别是高压设备的紧固件和密封件。图 7-26 是螺母的拧紧顺序及检查方法。一般是用手把螺母"旋"到位后检查法兰之间的间隙 b 是否均匀，在拧螺母过程中，随时检查侧面间隙 b 是否均匀，特别是一些硬的金属平垫随时测量 b 的数值更为重要。交替按先后次序分组对称逐渐拧紧螺母，在无测力扳手的情况下，只能靠操作者经验判断松紧程度是否满足密封要求，尽可能作到压紧力均匀分布在每一根螺栓上。

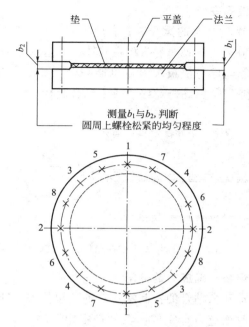

图 7-26 螺母拧紧顺序与判断松紧

7.7 整体包扎容器层板松动控制方法

整体包扎容器的特点是层板为"筒节"并非"瓦块",层板厚度 8~14 之间,而且内筒在已经焊好顶、底部情况下再进行包扎,给安装层板带来一定的困难,针对以上情况建议如下。

(1) 层板的预先弯曲和卷制

厚的层板相对刚性大,"包扎力"或焊接收缩应力克服层板的"松动"或"不贴合"难度较大。因此应该按上层层板实际外径预先弯曲和卷制层板"筒节",不得有"直边"、局部凹凸弧等,必要时分段焊接纵缝并矫圆后再切开,尽可能把层板筒节圆弧矫正得精确些。

（2）层板的安装

如图 7-27 用特制的撑开装置利用工艺"指孔"将层板撑开，使其能越过顶法兰或底部封头放在筒体上。这样做的目的是使层板在包扎前能与已包层板圆弧尽可能吻合，减少存在"包扎力"无法克服的障碍，更好避免松动或未贴合超标。

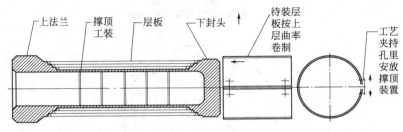

图 7-27　包扎施工中往筒体上安放层板

（3）纵焊缝收缩应力的分配

层板松动和未贴合的控制除足够的"包扎力"外主要靠强大的纵焊缝的收缩应力来完成，在"焊根距"8～14mm 范围内调整，视其层板贴合情况来调整"焊根距"大小，让其能有足够的收缩力克服影响层板贴合的障碍。

（4）层板松动面积检查及故障排除

整体包扎容器标准按照容器直径的大小给出了"层板端部层间间隙"相应的指标，产生端部层间间隙的原因有：除前述层板的预先弯曲和卷制、包扎力、纵焊缝收缩应力、上层焊缝修磨质量和清除杂物外，层板本身不可避免的缺陷也是产生层间间隙的原因之一。如图 7-28 所示为钢板宽度方向的厚度误差。钢板在轧制过程中，由于轧辊存在弹性产生弯曲，使轧制的钢板沿钢板宽度方向中部厚两边薄。层板"筒节"轴线与钢板轧制方向垂直时层板端部存在无法消除的层间间隙。整体包扎容器"层板端部层间间隙的控制"和计算方法与实际运用还有一定距离，首先只能检查层板一端的层间间隙如图 7-29 所示，因为另一端与已包的层板相邻而无法准确测量，因此除了盼望有"专用仪器"检查端部层间间隙外，其它办法准确性都不太高。已经存在的缺陷可在适当位置"增加"纵向焊缝，利用焊接收缩来消除层间间隙超标问题。

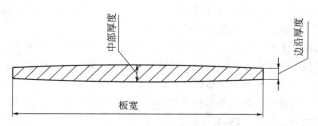

图 7-28 同一张钢板的厚度误差

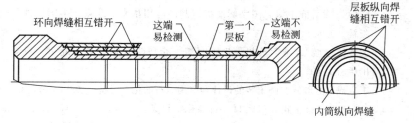

图 7-29 整体包扎的层端面间隙

参 考 文 献

[1] 成大先主编 . 机械设计手册：第一卷，第三篇 机械工程材料 . 第五版 . 北京：化学工业出版社，2008.

[2] 机械设计师手册编写组 . 机械设计师手册 . 北京：机械工业出版社，1989.

[3] 机械工程手册编辑委员会 . 机械工程手册：第 7 卷，第 42 篇 金属制作 . 北京：机械工业出版社，1982.

[4] 中学劳动技术教材编写组 . 中学劳动技术课本 制图 . 上海：上海科技教育出版社，1984.

[5] 国家标准局 . GB 4457.2—84. 国家标准机械制图 .

[6] 国家标准局 . GB 131—83. 国家标准机械制图 .

[7] 汪恺，陈增群主编 . 国家标准机械制图应用指南 . 北京：中国标准出版社，1985.

[8] 大连工学院 金属学及热处理编写组 . 金属学及热处理 . 北京：科学出版社，1977.

[9] 王良成 . 胀圈式胀圆工装的设计和应用 . 石油化工设备，1985，(6)：37.

[10] 王良成 . 自紧式管口密封 . 石油化工设备，2004，(3)：47.

[11] 王良成 . 外缠螺旋管容器的成型和组对 . 石油化工设备，2010，(3)：68.

[12] 王良成 . 锥形折边封头的卷制和翻边 . 石油化工设备，1986，(7)：46.

[13] 王良成 . 换热管单管试压装置 . 石油化工设备 . 1986，(3)：37.

[14] 王良成 . 提高圆柱形壳体几何精度的几个问题 . 石油化工设备，1987，(12)：50.

[15] 中国机械工业联合会 . JB/T 1205—2001. 塔盘技术条件 .

[16] (原) 化学工业部 . HG 3129—1998. 整体多层夹紧式高压容器 .

[17] 国家标准局 . GB 150—1998. 钢制压力容器 .

[18] 国家标准局 . GB 151—1998. 钢制换热器 .

[19] 简光沂编著 . 五金手册：第二篇 金属材料 . 北京：中国电力出版社，2010.